译者序 | HOW TO BE BRILLIANT

成就卓越，源于正确的方法和大量的行动

人类在发展过程中，从来没有停止过追寻幸福、快乐和成功的脚步，特别是在今天这个人人都期待出类拔萃、个个都盼望成就自我的社会里，我们都希望能尽快找到一本可以让自己快速成长、成功的宝典，一学就会，一用就灵。本书就是这样一本启发我们智慧、教我们一步步成就自我的书，其中讲授的最重要的秘诀是：

正确的方法 + 大量的行动 = 卓越的人生

本书为我们提供了大量简单易行的方法、技巧，为了让读者更好地使用它们，作者还特意帮我们设计了"90天行动计划"，期待在这 90 天里，我们的生活能够发生巨大的改变。

在本书介绍的诸多内容中，最吸引我们的是"生命之轮"这个神奇的工具，它包含了精力、家庭、财富、社交、奉献、前途、事业、个人发展八个方面，几乎涵盖了我们生命中的所有，我们每个人都可以定期为自己的生命之轮的每个部分打分，了解自己的生命之轮是否平衡，找出有待提高和完善的部分。

另外，作者通过对杰出人物的多年研究，发现这些人大多具有以下五种品质，并且在书中进行了详细分析。

1. 拥有积极的思维和积极的行为，并且会使用积极的语言。

2. 勇于走出自己的舒适区，不断挑战自我。

3. 善于从不同的角度看问题，并且能够发现新的视角。

4. 能很好地处理压力。

5. 不会仅仅停留在"想"和"知道"层面，而是会采取大量积极的行动。

值得一提的是，本书分析了是什么在阻碍我们变得强大，那就是我们的信念系统以及价值观系统。如何才能拥有积极的信念和价值观？书中提供了很多有趣的工具（比如"影响圈 VS 担忧圈"），这些都可以帮我们重塑观念、建立信心，清除挡在我们成就卓越之路上的"绊脚石"。

想变得出色，仅仅靠一个人的力量可以吗？当然不可以。作为群居动物，我们往往在与他人合作的时候才能成为最优秀的

How To Be Brilliant 4e

如何让自己快速

变

[英] 迈克尔·赫佩尔（Michael Heppell）◎ 著
段鑫星 李 洁 傅婧瑛 等◎译

强

90天行动计划

Change Your Ways in 90 Days

人民邮电出版社
北　京

图书在版编目（CIP）数据

如何让自己快速变强：90 天行动计划／（英）迈克尔·赫佩尔（Michael Heppell）著；段鑫星等译. -- 北京：人民邮电出版社，2025. -- ISBN 978-7-115-65796-1

Ⅰ. B848.4-49

中国国家版本馆 CIP 数据核字第 2024LN9426 号

内 容 提 要

在当下竞争日益激烈的社会环境中，人们普遍存在焦虑感和危机感，渴望通过各种途径提升自己。然而，提升自己，让自己变强，谈何容易？这不仅需要个人提升自己的意愿和付出努力，还需要正确的方法和策略。

本书作者是家喻户晓的励志大师、演说家及畅销书作家，他的课程和图书已经帮助无数人实现了人生突破，因而备受欢迎。作者通过其多年的经验，从目标设置、信念确立、价值观重塑等方面，为读者介绍了通过行动打造全新自我的方法。书中独创性的工具、生动的案例和有趣的练习能帮助读者平衡人生中的各个部分，找到掌控生活、工作、财富的途径，最终拥抱全新的、强大的自己。本书原版被翻译成 20 多种语言，畅销 80 多个国家和地区，值得读者阅读、收藏。

本书既是能量之书，也是工具之书，兼具权威性和实用性，对年轻学子、职场新人、企业家和创业者都大有裨益。

◆ 著　[英] 迈克尔·赫佩尔（Michael Heppell）
　　译　段鑫星　李 洁　傅婧瑛　等
　　责任编辑　谢 明
　　责任印制　彭志环

◆ 人民邮电出版社出版发行　　北京市丰台区成寿寺路 11 号
　　邮编 100164　电子邮件 315@ptpress.com.cn
　　网址 https://www.ptpress.com.cn
　　涿州市般润文化传播有限公司印刷

◆ 开本：880×1230　1/32
　　印张：6.75　　　　　　　　　　2025 年 1 月第 1 版
　　字数：120 千字　　　　　　　　2025 年 8 月河北第 3 次印刷
　　著作权合同登记号　图字：01-2024-5447 号

定　价：59.00 元

读者服务热线：（010）81055656　印装质量热线：（010）81055316
反盗版热线：（010）81055315

自己，因此找到与你优势互补并且可以共同开创未来的人非常重要。在本书中作者让我们了解了一种具有魔力的语言——"我需要你的帮助"，而且告诉我们在运用它时需要注意以下三点。

1. 问对人，即向那些积极、有斗志的人寻求帮助。

2. 制订计划，即你要清楚地知道自己需要什么样的帮助。

3. 慷慨大方、诚实和真诚。

这样做，我们才能汇聚他人的杰出思想，与他人建立密切的关系并从中受益。

另外，作者还贴心地将他自己的人生经验和教训与大家分享，使得这本书更有价值。

1. 如果不热爱，就不要去做。

2. 有贵人相助，请接受他们的帮助。

3. 成功不是偶然发生的，它需要计划、努力和技巧。

4. 爱上阅读，成为一个酷爱读书的人。

5. 外表是最具欺骗性的。

6. 合适的人会出现在合适的时间。

7. 忙碌并不意味着成功。

8. 家庭比事业更重要。

9. 不必把你知道的一切都教给他人，至少在第一个 48 小时里不要教授全部。

10. 即使有无数个拒绝的理由，也没什么，有时你要做的只是勇往直前。

当然，本书自始至终都在强调"大量的行动＝丰厚的回报"，让我们每一个阅读本书的人都能在大脑中牢记这个理念。关键在于行动，在于将书中所讲运用到生活、工作中去。在阅读的过程中你会发现，本书最大的特点就是作者的文字有一种让人动起来的魔力！本书甚至为读者提供了一份行动清单，帮助我们每个人查漏补缺。我建议大家把这份清单摆在显眼的位置，随时激励自己采取行动！

在翻译的过程中，我发现这本书可以帮我找到那些或刻意忽视或从未发现的行动动机。对其中的观点，我会不自觉地频频点头，产生巨大的认同感！在我看来，这本书简直就是为我自己量身定做的！期待大家在阅读并且亲身体验后，可以像我一样抵达自己的卓越之境。

在这里，我要特别感谢参与本书翻译的所有人，他们是鹿欣纯、李洁、李玉雪、于淼、白娇健、官美珍、霍晋琦，我很高兴我们一起完成了这样一份卓越的工作，并且期待我们的工作能给读者带来惊喜和收获！

关于本书 | HOW TO BE BRILLIANT

这本书真的能改变你的人生。不过，要想真正有所收获，你必须充分参与其中。如果书中明确要求你做些什么，你就应该认真去做，仅仅坐在那儿阅读是不够的。从我个人的经验来看，仅仅从认知层面了解某事是毫无意义的。

本书有很多练习和测验，你需要花些时间进行自我反思，你要确保自己有足够的时间去完成这些练习和测验，才能让自己变得更强。

最重要的是行动！关键是要去做一些事情——任何事情都可以！只有行动才有真正的意义。

最后，请读者谨记：本书中的练习绝不是一次性的训练，而是终身的！如果我告诉你，你只要去健身房锻炼一次就能拥有健康的身体，你相信吗？这可能吗？这简直就是做白日梦！如果你想拥有健康的身体，就必须坚持锻炼。同样的道理，想要获得持续发展，你也必须每天、每周、每月坚持不懈地努力，日复一日地把从本书中学到的知识运用到自己的日常工作与生活中。

目 录 | HOW TO BE
BRILLIANT

> 卓越的秘密不在于你知道些什么，而在于你做了
> 些什么。

生命之轮

> 定期给生命之轮打分，你会看到自己的进步，哪
> 怕只是一点点。通过这种方式，你就能够沿着正确的
> 轨道前进。

第 2 章
杰出人物的五种品质

拥有积极的思维和积极的行为；勇于走出舒适区；换个角度看问题；善于处理压力；采取大量行动。

133 ••• 第8章

神奇的心理演练

心理演练可以在许多不同的领域发挥作用。它是一种简单有效的技巧，几分钟的投入就会产生很大的成效，会让你收获很多。

147 ••• 第9章

必不可少的复盘

运用本书介绍的方法和工具，采取行动、积极实践，你将拥有梦寐以求的人生。

153 ••• 第10章

如何更上一层楼

变强没有终点，你可以把人生带到新的高度。

第 11 章

扫除行动路上的五大阻碍

请把挫折、阻碍视为变强的机会，这些会在特定的时候成就你的辉煌。

导　言

卓越的秘密不在于你知道些什么，而在于你做了些什么。

你是否因为日复一日地重复做同样的事情而厌倦不已？你是否觉得生活平淡无奇？你是否满足于自己表现得"还不错"？如果你想拥有不一样的人生，本书将是你改变的起点。

你是否感觉自己付出了极大的努力却总是得到很有限的回报？你是否发现生活与工作都十分艰辛，自己却无力改变？如果你的答案是肯定的，这本书将为你提供一些改变现状的指导。

看看那些成就卓著的成功人士，他们拥有名誉、财富、成功，他们给周围的人以积极的影响，他们仅仅是因为幸运才成功的吗？显然不是，最重要的是他们大都立志要成为卓越的人。实际上，你也可以像他们一样成功。

本书将帮助你正确认识现在的自己，并为你提供一些方法和技巧，帮助你用快速、经济、愉悦的方式改变自己，获得成功。

成功人士拥有一些共同的品质，了解这些品质，以他们为榜样，你也会变得卓越。通过书中一些事例和成功人士的故事，我希望你能学到一些克服困难的方法和技巧。通过阅读本书，我将让你了解到怎样为自己的未来制订可行、有效的计划，并且学到一些与家人、朋友、同事沟通的技巧。

在此基础上，你将获得全新的视野，学会制订切实有效的行动计划，以实现自己的短期目标。然后，凭借你的热情与能力，再加上一系列可靠、高效的方法和技巧，你将一步步向自己的长远目标靠近，并且学会积极主动地应对各种挑战，最终实现你的梦想。

你还会看到一些成功人士是如何通过自己的努力变得更卓越的。事实上，卓越是一种标准，不是一种技能。一旦你掌握了卓越的秘诀，并且将其运用到你的工作、生活中，你不但可以在某一领域变得卓越，而且可以在各个领域都有所成就。

从现在开始，好好阅读这本书吧，你一定会有所收获！

第 1 章

一

生命
之轮

一

一个人要想变强，必须看清现在的自己

　　定期给生命之轮打分，你会看到自己的进步，哪怕只是一点点。通过这种方式，你就能够沿着正确的轨道前进。

　　生命之轮是一个对个人发展至关重要的工具，它非常有效，同时也很简单，其主要功能是评估个体在 8 个重要方面的发展状况。

　　制作生命之轮的目的是确定自己在这 8 个方面的具体位置，这将有助于你明确今后努力的方向。生命之轮不是一成不变的，你还需要定期回顾自己的得分。只要你足够努力，你就会看到自己的进步，哪怕只是一点点进步。通过这种方式，你的人生将沿着正确的轨道前进。

　　生命之轮如下图所示，你要做的就是根据自己的真实情况在这 8 个方面为自己打分，分值为 0 ~ 10 分不等。0 分是最低分，位于最靠近中心的位置；10 分则是非常完美的分数，位于轮盘的边缘位置，能获得 10 分说明你在这方面表现得非常出色。给生命之轮打分时必须诚实。你越诚实，生命之轮就越能清晰地反映你当下的状态。此外，在诚实地完成自己的第一个生命之轮后，你可以设想一下自己将来的生命之轮是什么样子的——这对你进行**目标设定**是非常有帮助的。

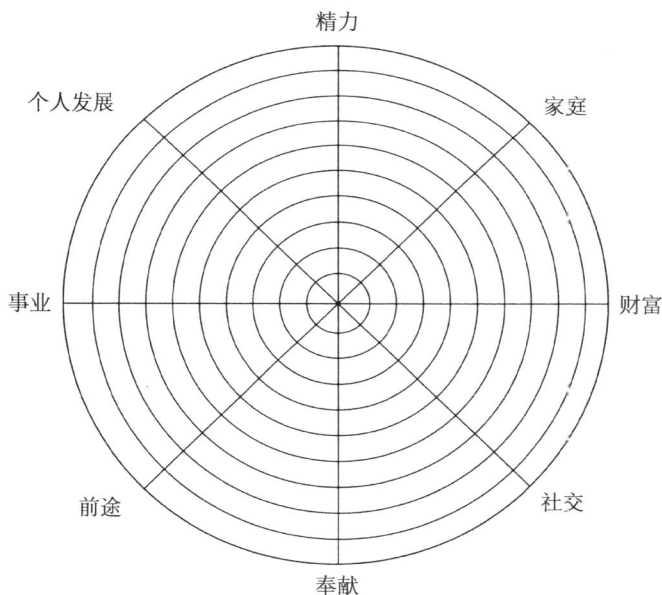

现在，你可以绘制自己的第一个生命之轮了。请仔细阅读下文中关于生命之轮各个方面的描述，然后根据自己的真实情况进行打分。

精力

你是不是这样一种人，每个周一的早上都起得很早，并且兴奋地感叹："哇，又到周一了，我充满了能量，渴望去迎接这崭新的一周！"然后能量充沛地开始崭新、美好的一天。你每天都感觉非常好，每次照镜子时都会情不自禁地感叹："我看上去好极了！"到达工作地点或学校时，周围的人对你的良好状态都赞不绝口。如果你确实是上述这种人，总是能够充分发挥自己的能量，并且在结束了一天的工作后仍活力无限、精力充沛的话，那么恭喜你，你在精力方面可以得 10 分。

如果你是这样一种人，每天晚上都睡不好，第二天早上又总是会被讨厌的闹钟叫醒。只要一听到闹钟的声音，你就会本能地关掉闹钟，然后再给自己几分钟时间打个盹儿。不幸的是，很快闹钟又响了，这次你暗想："如果我不吃早餐，起床时动作快一点，说不定我还能再睡几分钟呢！"这样你又给了自己继续打盹儿的理由。可是好梦不长，不一会儿闹钟又响了……

最终，你会以怎样的状态起床呢？你会走到镜子前，看着镜子里无精打采的自己，不禁暗想："天呐！这是我吗？我怎么会这样？"然后你拖着沉重的脚步开始了一天的工作、学习。

就这样，你一整天都在昏昏沉沉中度过。晚上回到家，你已经筋疲力尽。此时你也没工夫为自己准备"营养晚餐"了，而是随便吃了些高能量的东西。终于，你可以躺在沙发上放松一下自己了，而你的放松方式不外乎看一些不需要动脑筋的电视剧。

如果你是这种类型的人，那么很不幸，你在精力方面只能得

2 分或 3 分。不过，值得庆幸的是，你并没有得 0 分。不管怎样，现在就根据自己在精力方面的真实情况为自己诚实地打分吧。

家庭

你与家人的关系如何呢？关于这一点，每个人都有自己的评价标准。然而，有一个问题值得大家思考：你与家人是否会真诚地关心彼此，是否时刻都在考虑彼此的需要，并为彼此的发展进步做出努力？

你看过电视剧《沃尔顿家族》吗？沃尔顿一家居住在山顶的一座大房子里，他们生活得美满和谐。我一直忘不了沃尔顿一家每天相互问候的场景。也许《沃尔顿家族》会被一些人看作无聊透顶的肥皂剧，但剧中描述的家庭关系却是值得我们思考的。沃尔顿一家彼此相互尊重，并为彼此的成长与发展提供了足够的自由空间，更重要的是，他们无条件地支持彼此。这才是完美的家庭关系。

你与家人的关系是怎样的呢？元旦将至，你心里暗想："元旦快到了，我才不管我的家人呢。他们平时闲着没事时都不关心我，我才不先关心他们呢！哥哥应该先给我打电话的，他不打给我，我就不打给他！呃……我都好久没去看望妈妈了，不过她也没来看我，不是吗？毕竟我去她那里和她来我这里是一样的距离。"有没有人是这样子的？

请思考以下问题。

1. 你与家人的关系与你想象的家庭关系是否一样？

2. 你能否与家人好好沟通？

3. 你是否觉得那些你在意的家人并不在意你，而在意你的家人你却不喜欢？

请根据自己的真实情况为自己打分。如果你得分比较高，那么你比较幸运。如果你的得分比较低，也不要难过，这说明你在家庭关系方面需要改进。

财富

没错，金钱就是财富！不过，这里要说的并不是你有多少钱，而是你怎样处理自己与金钱的关系。你是下面这种人吗？不管每个月挣多少钱，你都是月光族。你的理财方法就是不断地用一张信用卡去还另一张信用卡的欠款：你申请了一张 A 卡，目的是偿还 B 卡的欠款，然后你再用 C 卡去还 A 卡的欠款，接下来你不得不再去申请一张 D 卡，因为如果你不这样做，你这个月就没有生活费了。这样一来，你的全部生活就是还款、还款、还款！你每个月关注的不是存了多少钱，而是还了多少钱、还欠多少钱。

如果你正是这样一类人，那么你在"财富"方面的得分就会比较低。

又或者，你是下面这种人。你清楚地知道自己每个月的各笔支出。你拥有适当的理财策略，知道如何运用好金钱。如果你必须借钱，你会制订一个在自己能力范围内的还款计划。你时时刻刻都对自己的经济状况了如指掌。最重要的是，你与金钱的这种关系让你觉得舒服。你懂得金钱要出入有度。如果你是这种类型的人，在"财富"方面你就可以给自己一个比较高的分数。不管怎样，诚实地为自己打分吧！

不可否认，
金钱不是生命中最重要的东西。
但科学的理财观会使你更容易获得生命中最重要的东西！

社交

你觉得自己是一个什么样的朋友、什么样的同事？想想每天与你接触最多的那些人，他们是怎样看待你的？

想象一下：在一个长廊中，一群人向你走来，他们本来有说有笑，却在看到你的一瞬间，有人说："嘘，嘘，他在那边呢！"

此时，你明明知道他们在谈论一些不想让你知道的事情，却仍径直走向他们，若无其事地问："怎么回事？"接下来你开始浮想联翩："他们是在讨论我吗？""他们是不是组织了什么活动不想让我参加？"好吧，也许事实正和你所想的一样。

这种情况会不会是因为你的为人有问题呢？你是那种守口如瓶、信守承诺的人吗？你是不是总有这样的想法："我应该先考虑自己、把自己处理好，至于别人，管他呢，他们迟早会赶上来的。"如果你是这样的人，那么在"社交"方面你只能得低分了。

又或者，你是这样一种人。当你的朋友、同事遇到困难和挑战时总是向你寻求帮助，这不仅仅是因为你会同情他们、给他们安慰，更重要的是你能够真诚地给他们一些建议，为他们提供帮助。你能够理解别人，你的关心和热情会吸引更多的人与你交朋友。如果你是这种类型的人，那么恭喜你，你可以给自己一个高分。请诚实地为自己打分吧！

奉献

人们常说"生命的意义在于奉献"。你怎样评价自己的奉献精神呢？这里指的并不仅仅是金钱上的奉献（虽然很多人可能会从这方面的奉献来评价自己）。奉献包括那些不求回报地付出的时间、资源、能量，以及精神。

请思考以下问题。

1. 你是否会做一些对社会有益的事情？

2. 哪怕是对社会进行批评、控诉，只要是为了让社会变得更好，即使是有风险的事，你也会去做吗？

3. 你会不求回报地付出，还是必须有回报才付出？

你应该已经很熟悉规则了，为自己打分吧！

前途

请思考以下问题。

1. 你是不是一个有计划的人？

2. 你对自己未来的发展是否有明确的方向？

3. 每天早上醒来，你是否清晰地知道自己这一天该做些什么？

4. 你是否拥有一个 1 年的发展计划？

5. 你有 5 年、10 年的人生计划吗？

6. 你的前途在哪里？

7. 你是否清晰地知道自己想要什么？

8. 你是否有明确的奋斗目标？

如果你对上述问题的答案都是肯定的，那么在"前途"方面你可以给自己打一个高分。

相信大家都知道尼尔·阿姆斯特朗。一天，小阿姆斯特朗站在外面看月亮时突然对妈妈说："妈妈，将来我要到月亮上去。"周围的人听到他的话都笑了，不过这也无可厚非，毕竟当时的阿姆斯特朗还不到 10 岁，而那个年代也根本不存在什么太空旅行，自然不用说去月亮上了。不过，阿姆斯特朗并不在意，他坚持着自己的伟大理想，开始努力学习、认真工作，终于成了一名试飞员，离自己的梦想越来越近。最终，他入选了登月计划，而且是第一批入选者。此后，他更是不知疲倦地为自己的理想奋斗。后来的事情，大家都已耳熟能详了，他成了在月球上漫步的第一人。

对未来的激情和热情是人们前进的驱动力。在本书中，你还会读到很多关于前途、关于未来发展的故事。

很多人根本不知道自己下一步应该做什么，更不用说明天、下周、1 年后、5 年后、10 年后的计划了。你可能会说："谁知道 5 年、10 年后会发生什么呢？"确实，未来有太多不确定的因素、不可控的事件。你是这样想的吗？如果是，那么在"前途"方面你就只能得低分了。

事业

请思考以下问题。

1. 每个周一早上醒来，你是否会兴奋地想："啊！工作日开始了！"

2. 你是否每天都充满活力和热情地开始一天的工作？

3. 你是否喜欢或者热爱现在的工作？

4. 你愿不愿意无偿地从事现在的工作？

5. 你是否对现在的工作或事业充满激情和活力？

如果你对上述问题的答案都是肯定的，那么，你可以给自己一个高分。

又或者，每个周一醒来后，你都会想："好吧，今天星期一，不过没关系，明天就是星期二了，然后就是星期三、星期四、星期五，哈哈，接着又是周末了。周末——又不用工作了！"事实上，确实有很多人在从事着他们自己根本不喜欢的工作。这确实是个悲剧。如果你现在从事着一份自己不喜欢的工作，那就等于你在花大量的时间做错误的事情。如果是这样，在生命之轮的"事业"方面，你只能给自己一个低分了。不过不要气馁，告诉你一个好消息：本书将教你一些能够使你对自己所做的事情充满激情的神奇方法，还将教会你如何找到自己喜欢的工作。现在请你在生命之轮上找到一个符合自己实际情况的位置吧。

个人发展

请思考以下问题。

1. 你是不是这样一种人，当你听到别人的成功故事时，总是感到兴奋不已，自己也充满了激情？

2. 你是否对自己的个人发展充满期待？

3. 你热爱学习吗？

4. 你渴望成长吗？

5. 你愿意接受新事物和挑战吗？

6. 你愿意不断主动提高自己吗？

7. 你愿不愿意主动让自己变得更好？

如果你对上述问题的回答都是肯定的，那么你在生命之轮的"个人发展"方面可以得一个高分。此外，我还要告诉你一个好消息：因为你正在阅读本书，在该项上你可以为自己加奖励分 2 分。

问一问自己："我最后一次读一本书是什么时候的事情？""我最近一次参加促进个人发展的课程是在什么时候？"你为提升自己所投入的时间、资源，以及参加的课程、项目，都属于个人发展的范畴。**下定决心好好提高自己吧，这是非常有意义、非常重要的。进行个人成长投资，你将获得巨大的利益和回报。**

现在就你"个人发展"的情况打分吧。请根据你现在、此时此刻的实际情况打分，而不是你想象（希望）的 1 周后、1 个月后，甚至 1 年后的情况打分。

* * * * * * * * * *

你自己的生命之轮

接下来，你要做的就是将你生命之轮上的这些点连起来。

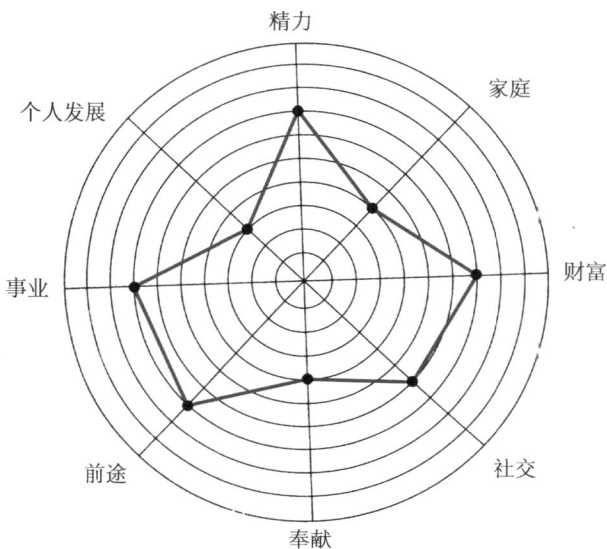

如果连线是靠近轮盘最边缘的一个完美的圆圈，那么我必须与你见一面，我要与你握握手，请你喝上几杯，与你好好探讨一下你是如何做到的。事实上，在目前这个阶段，能得到一个完美圆圈的人是非常少的。我们大部分人的生命之轮都是凹凸不平的。不过，即便你得到的是一个凹凸不平的生命之轮，那也很正常，因为生命本就是一段崎岖不平的旅程，不是吗？

事实上，生命之轮的训练旨在帮助你找出自己当前面临的问题和挑战。如果这 8 个方面你有一项得分低于 5 分，那么你要注意了。本书重点关注的正是这些方面。

也许你最初阅读这本书只是为了在事业上有所发展，却不料自己在"家庭"方面只得了 3 分。其实，不管你现在发现的问题是你早就明白的，还是刚刚知道的，既然你在阅读这本书，那就从现在开始行动，主动去改变那些存在问题的方面吧。

也许在"前途"方面你得了 10 分。

那么，是什么让你坚定不移地为自己的"前途"打了 10 分呢？那样的前途是否能够帮助你提高生命之轮上其他方面的分数呢？

生命之轮不是一次性的训练。事实上，下个月，你仍需要为自己准备一个新的生命之轮，并诚实地根据那时的情况重新完成上述练习。

　　然后，把新的生命之轮和前一个生命之轮进行对比。你可以将新的生命之轮附在前一个生命之轮的上面。希望你在一些方面是有进步的。如果你取得了进步，仔细想想是什么让你进步了？为了这些进步，你采取了哪些行动？不过，也许你的生命之轮在某些方面会有所下降，可能这些下降并不明显，但通过新旧生命之轮的对比，你仍能及时发现这些退步。这才是生命之轮的奥秘所在——它能够帮助我们关注到自己的进步；它还能帮助我们及时发现存在的问题，并促使我们在问题变得严重之前采取行动进行修补、改正。不过，需要注意的是，生命之轮是一种持续的练习，你必须每个月都回顾一下自己的生命之轮。

　　制作生命之轮的过程也是一个改变人生的过程。它的关键在于你每个月都要认真完成自己的生命之轮，并且为了让生命之轮变得更好而做出努力。当然，如果你愿意，你可以每半个月甚至每 1 周都画一张自己的生命之轮。不过，请记住，生命之轮的关键在于平衡！你的最终目的是获得一个完美、平衡的生命之轮，你不能为了在某项上获得 10 分而不顾其他。

　　我非常幸运地结识了一些成功人士，如果说生命之轮中"事业"一项的满分是 10 分，那么这些成功人士甚至能得 20 分。不过，他们会发现自己在"家庭关系""人际关系"上存在很大问题，在这些方面他们需要帮助。我还认识一些人，他们能够非常好地处理自己与金钱的关系，他们也有一套保持健康的好方法，不过他们在另一些领域却非常糟糕，他们往往从事着自己不喜欢的工作，或者在工作上总是犯错误。总之，不管他们是上述哪种人，他们的生活都是不平衡的。

生命之轮关注的是个人成长；
它的关键在于保持生命的平衡；
生命之轮是你拥有高品质生活的基础。

越杰出的人，其生命之轮越完美、平衡。不过，拥有完美、平衡的生命之轮绝不简单，需要一系列的方法和训练。当然，更关键的是要将这些方法和训练运用到生活与工作中。

我的生命之轮

标记时间 _____ 年 ____ 月 ____ 日

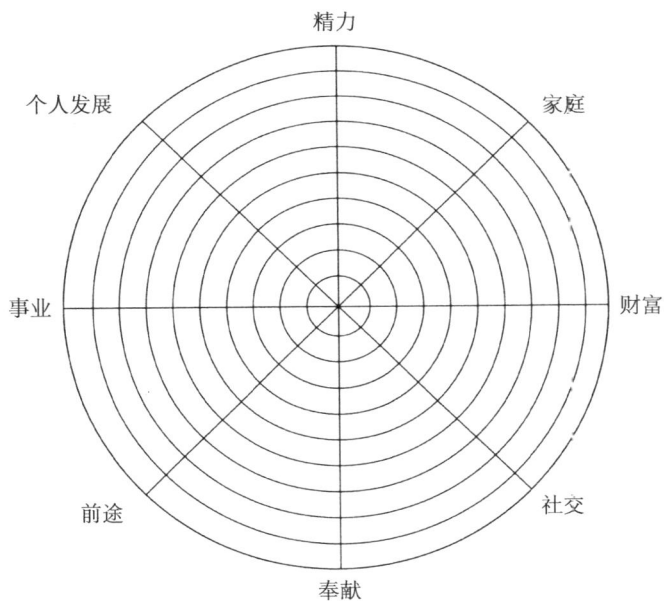

精力

个人发展　　　　　　　　家庭

事业　　　　　　　　　　财富

前途　　　　　　　　　　社交

奉献

根据自己的真实情况为自己打分（1~10 分，对应生命之轮由内到外的 10 个圆）。

【精　　力】得分：＿＿＿＿＿＿＿　期望：＿＿＿＿＿＿＿

【家　　庭】得分：＿＿＿＿＿＿＿　期望：＿＿＿＿＿＿＿

【财　　富】得分：＿＿＿＿＿＿＿　期望：＿＿＿＿＿＿＿

【社　　交】得分：＿＿＿＿＿＿＿　期望：＿＿＿＿＿＿＿

【奉　　献】得分：＿＿＿＿＿＿＿　期望：＿＿＿＿＿＿＿

【前　　途】得分：＿＿＿＿＿＿＿　期望：＿＿＿＿＿＿＿

【事　　业】得分：＿＿＿＿＿＿＿　期望：＿＿＿＿＿＿＿

【个人发展】得分：＿＿＿＿＿＿＿　期望：＿＿＿＿＿＿＿

第 2 章

一

杰出人物的
五种品质

一

成功的人总是相似的

拥有积极的思维和积极的行为；勇于走出舒适区；换个
角度看问题；善于处理压力；采取大量行动。

　　如果你问世界各地的人们同一个问题："你认为谁是杰出人物？"你可能会得到一些相似的答案：可能是那些曾经改变过世界的人，可能是事业有成的人，也可能是优秀的运动员或者伟大的领袖，甚至可能是我们身边那些杰出的朋友或家人。我开始认真分析是什么使人变得杰出时发现，杰出人物往往拥有一些相似的品质。

　　本章将着重介绍杰出人物的五大品质。

拥有积极的思维和积极的行为

　　你是否认为古今中外的杰出人士都拥有积极的思维和积极的行为？

　　你可能会认为积极的思维决定一切。积极的思维固然重要，但积极的行为更重要。事实上，积极的行为才是改变自己的基础，只有积极的行为才会让我们的生活与众不同。积极的思维虽然可以让我们获益，但它并不是任何时候都能发挥作用。事实上，更多的时候是消极思维在起作用。

美国励志演讲家托尼·罗宾斯这样描述积极思维："你走在一个长满杂草的花园里，不断地低头对着那些杂草说：'没有杂草，没有杂草，没有杂草！'这就是积极思维。不过，这样做对除草来说没有任何作用。"也就是说，积极的思维不会使事情发生任何变化，我们更需要积极地行动。

仅仅思考是没有用的，重要的是行动。行动可以让生活变得更美好！

试想一下，当你要清理花园时，你一边大声喊着"杂草，来吧！"一边熟练地清除所有杂草。你会很快地将杂草清理干净，肯定比你的邻居、朋友、家人快得多……

如果你也同意积极的行为有巨大的影响力，那么你觉得自己在一天中所采取的最重要的行动是什么？最普通的行动又是什么？

我最近才知道，常用的英语单词有 125 万个，看起来很多吧。现在回顾一下，你在思考、写作，以及与人交谈时，是如何使用这些单词的？你多长时间使用一次积极语言？当有人问你"你好吗"的时候，你的第一反应是什么？你是否会干巴巴地回答

"好"或者"不错"？这难道就是你从 125 万个单词中选出来的最好的回答吗？

下面我会为你制订一个 30 天的挑战计划。当你被问及"你好吗"的时候（也许你已经猜到答案了），请回答"棒极了（brilliant）"。

这是一个非常棒的回答。你可能会问，为什么这是一个非常棒的回答？有三个原因：首先，这个单词是富有感情的；其次，你一回答"棒极了"，就会产生不一样的效果；最后，是来自别人的反应，当人们问候你"你今天感觉怎么样"时，其实他们已经厌倦了"不错，谢谢"这种千篇一律的回答。此时，你若回答："棒极了，你呢"你也许就会获得一个更出人意料的回馈，他们可能会认为你是刚刚听完讲座，或正处于兴奋状态。

虽然让你在感觉不是很好的时候回答"棒极了"，对你来说可能是一个巨大的挑战，但请你相信，在接下来的 30 天里，无论你感觉怎么样，无论你的生活中发生了什么，当有人问你"你好吗"时，都请回答"棒极了，谢谢"，这将使你的生活发生改变。

当你用一种新的措辞、新的表达方式回应别人时，大脑会形成一种新的"棒极了"的网络。你越频繁地使用这种网络，它就会变得越简单、越便于使用。

从现在起，经常使用"棒极了"这个词，在接下来的 30 天里，你将会看到一些意想不到的事情。

"棒极了"这种回答会影响你身边的人和事。当天空乌云密布、交通阻塞、老板要向你发火，甚至看护孩子快要使你发疯的时候，微笑着面对一切，给自己一个"棒极了"的鼓励。

对措辞和表达方式的选择是获得成功的必要条件之一，但它仅仅是你迈向成功的第一步。有些人经常会说："啊！万事万物都是完美的，整个世界就是一个奇妙的存在！"其实，我并不同意这种观点，我认为世界并不像他们所讲的那样，世界并不完美，而我们能做的就是想方设法地选择积极的语言去描述我们的生活。

你是否听到过人们发出这样的抱怨。

"好无聊啊！"
"我烦到了极点！"
"我身体不舒服。"
"我累了。"

想象一下，当你自己这样抱怨时，会发生什么？没错，接下来你会像自己抱怨的那样感觉疲劳和无聊。如果你说："我感觉很不舒服！"你的大脑会将这个信息传递给你的身体，然后你就会真的感觉自己现在的状态很糟糕。

当你感觉疲劳时，你要告诫自己："不要告诉其他人我累了，告诉他们我是精力充沛的！"如果你这样做了，会发生什么呢？

好好想一想，你会怎样做呢？你将如何改变自己的感受？

你是否想要拥有更多的能量？你的身体里是否存在有待发掘的能量？

我在做讲座时经常这样激励听众。在听众觉得疲惫时，我会对所有人说："第一个冲出门，绕街区跑两圈，并且回到自己座位上的人，将得到1万美元的现金！"我敢保证，即使是已经多年没有跑步的人，也会发掘自己的潜能，冲出去试一试！

能量没有消失，它一直在那里，我们要做的就是找到它、激发它！

因此，与其说"我累了"，不如说"我可以拥有更多的能量"。

当你说"我可以拥有更多的能量"时，大脑反映的两个关键词是"更多"和"能量"，这就是在直接向你的大脑请求"更多的能量"。

当你说"我可以拥有更多的能量"时，你大脑的第一个反应会是"我知道如何获得更多的能量"。这时神奇的大脑就会释放一些化学物质，改变你的呼吸节奏，使你处于一种全新的状态——这一切都是因为你即将拥有更多的能量。

如果你是一个不思进取、自怨自艾的人，你可能会觉得"疲惫让我很开心，我很享受这种感觉"。好吧，如果你想过那样的日子，想生活在疲惫中并任由自己越来越虚弱，随你！**这本书是写给那些想要做出改变、想要成功的人的。**

与其说"我很无聊"，不如说"这可能会更有趣"。你没有必要说"这是我见过的最难以置信、最神奇、最有趣的事情"，你要做的其实很简单，就是说"这可能会很有趣"。如果这样说，你会发现一些事情刚好很有趣吗？你会发现仅通过一些微妙的迹象就能表明，你所听、所看、所参与的事情真的很有趣吗？一定会的！

30 天挑战计划

有一种聚会，我把它称为"抱怨聚会"。现在，请记录下聚会中所有的消极语言，不管是你自己使用的，还是别人使用的，请将它们都记下来。记住，你正在学习中，请认真练习。

现在，拿着你的记录清单，按照下面的要求去做。

首先，想一想这些词语的反义词是什么，并记录下来。想一想，当你说"累"时，是否可以换成它的反义词"精力充沛"？当你觉得"无聊"时，是否可以改用它的反义词"有趣"？当你觉得"不舒服"时，是否可以说"应该让自己更健康点儿"？试着探索各种积极的表达方式。

其次，告诉自己："我并不是要自己一下子就非常成功，我确实想让自己变好，但首先要做的是明确现在的情况。"

有时，人们会感到比较虚弱，如果你想让自己一直虚弱，那就告诉人们你不舒服；相反，如果你想舒服点儿，就必须说"我可以更健康""我想变得更好"。接下来会发生什么？很快，你就会感觉自己好多了。

如果你想要更多的能量，

就对自己说"我需要更多的能量"，

那么你很快就会拥有更多的能量了。

在接下来的 30 天里，每天转变一个消极表达。请认真对待这个练习，练习一两天可能很容易做到，但坚持 30 天不间断地练习，绝对是一项挑战。你能完成吗？

下面是一些消极表达转变为积极表达的经典语句。

我累了。	我需要更多能量。
好无聊啊。	这可能会更有趣点儿。
我真的烦透了。	我可以更开心些。
天气糟透了。	天气会变得好些。
我很害怕。	我可以更自信。
这都是废话。	这可以变得更好。
他是一个骗子。	他可以更诚实点儿。
我感觉很冷。	我可以更暖和些。
太热了。	很快就会凉爽一点儿了。
我破产了。	我可以挣到更多的钱。

【练习清单】

30 天挑战计划

每天转变一个消极表达

标记时间 ＿＿＿＿ 年 ＿＿＿ 月 ＿＿＿ 日

日　期	消极表达	积极表达

（续表）

日　期	消极表达	积极表达

（续表）

日　　期	消极表达	积极表达

（续表）

日　期	消极表达	积极表达

尽管有时积极的表达作用不大——对不起，应该说"积极的表达能够取得更好的效果"。那么，在这种时候，发挥提问的力量也是一种积极的行为。

提问是强有力的激发潜能的方式。当你问自己一个问题时，大脑就会开始思考，有时它不是直接回答你的问题，而是进行信息搜索，经过这个过程，才会给出答案。

有时我们会问："他为什么那么讨厌？""为什么事情总是我不希望的那样？"我们为什么不能换一种问法呢？比如，"我什么时候才能改变他？""怎样才能使它变得更有趣？"使用不同的问法，你会得到截然不同的答案。

你必须非常认真地对待自己提出的问题。你要保证问题是积极的，保证这个问题是有答案的。当你以一种积极的方式重复问自己一些问题时，我肯定你会得到积极的回应。

现在，你应该已经知道如何改变自己的表达方式、应激反应，如何问一些更积极、更合适的问题，以及如何避免使用一些消极语言。那么，下面我要介绍的就是自我对话。

静下来好好想想你平时会对自己说些什么。你可能会说"我为什么不能做这件事""我太丑了""我太胖了""我为什么会这么笨""这对我来说没有任何作用""没有人喜欢我"，等等。其实，你越是经常进行自我对话，自我对话的作用就越明显，你就会越往你表述的方向发展。因此，自我对话是非常重要的。

那么，谁在主导自我对话呢？当然是你自己！当你已经习惯了长期自责时，突然间让你变成一个积极的人，你可能会感觉不适应、不舒服，甚至认为这是自欺欺人。这些都是正常的反应。但是，你得到的积极的自我肯定越多，你就会离自己期望达到的目标越近。

这确实与你的表达方式有关，但并不意味着你要到处嚷嚷："啊！世界上所有的事物都是奇妙的，所有的事情对我来说都棒极了！"这样做的人往往会被当成不正常的人关起来。我的建议是你可以选择积极的表达方式去重新定义、描述你的感受。

杰出人物的第一大品质就是拥有积极的思维和积极的行为。这包括使用积极的语言，问积极的问题，进行积极的自我对话。

勇于走出舒适区

杰出人物的第二大品质是勇于走出舒适区。成功的人往往能够摆脱、战胜那些阻碍他们前进的事情，并且乐于这样做。

我听过这样一个故事，故事的主人公是两个从上学时就在一起的好朋友。他们一个叫理查德，一个叫约翰。理查德和约翰想创办一份属于自己的校刊，他们曾多次讨论这个计划，但是仅靠嘴上讨论对于创办这份校刊并没有帮助。一天，理查德说："我们最好去找校长咨询一下，看看是否可以创办这样的校刊？"最后，他们相约去寻求校长的支持。

理查德和约翰站在走廊里准备去找校长。突然，约翰紧张地说："我去去就回。"说完，他就冲出走廊，没了踪影。5 分钟过去了，约翰还没回来。理查德认为无论如何他都要碰碰运气，他沿着走廊继续往里面走。

在通往校长室的走廊上，理查德看到了前任校长和各位前辈的画像，他感到很不安。在走廊的尽头，他看到了校长办公室。理查德敲了敲门，不一会儿，门开了，身材高大的校长就站在那里。

我敢肯定，那一刻，理查德非常紧张。

"理查德，你有什么事吗？"校长问道。

"校长，约翰和我（当然，此时约翰并不在理查德身边）想向您申请，我们是否可以办一份属于学生们的校刊呢？"

"但是，我们学校已经有校刊了啊，它每学期会出版一次。"

"校长，这个我们是知道的，我们只是想让校刊出版得更频繁些，我们希望它更有趣，可以有一些笑话，我想这对于我们学习语言和其他技巧是很有帮助的。"

校长同意了这个提议，但有一个条件：他们必须靠自己的力量完成这件事情，必须负责出版过程中所需的所有经费，并且要保证在校师生都知道他们在出版校刊。当然，这是一件具有很大风险的事情。

理查德离开了校长办公室，没走多远，他就看到了他的朋友约翰。

"约翰，你刚才去哪儿了？发生了什么事？"

约翰羞怯地说："我本来准备回来的，但是……呃……我……"

"没关系，约翰。告诉你一个好消息，校长同意我们自己办校刊了！但条件是我们要自己出版，负担所有的经费，并且要承担相应的风险。"

这时约翰说："太棒了，我真不敢相信，可是我们到哪儿去筹集经费？我们该怎么出版？"

理查德说："先别想这些，只要开始干，我们就一定可以做到。"

很快，他们就编辑好了第一期校刊，然后用一台老式滚压印刷机完成了印刷。所有的工作都已经做好，剩下的就是把校刊分发出去。看着自己的成果，理查德和约翰激动不已。第二天，他们就来到了学校分发校刊，一张 A4 纸的正反面包含了很多内容，有各类故事、奇闻趣事，还有一些诗歌和笑话。

然而，凡是看过这份校刊的人都认为，这样的校刊毫无意义。看到自己出版的校刊被扔在地上、丢进垃圾桶，约翰又选择了逃避，而理查德却换了一个角度看问题，他想："我们怎样才能办好校刊呢？"他开始调查人们喜欢读什么，对什么感兴趣。结果，他发现，他们写的内容与人们希望读到的东西完全是两码事。于是，他决定从头开始，并再次走出了自己的舒适区。之后，他对校刊内容进行了多次优化，人们对他们出版的校刊也渐渐满意了。

理查德和约翰出版了一期又一期校刊。当他们年满 16 岁，要离开学校步入社会时，理查德向约翰提议说："让我们创办自己的杂志吧。"约翰的回答却是："理查德，让我想一想，我会给你回电话。"

他没有回电话。

理查德却着手创办了自己的杂志，这是一个面向学生群体的杂志，并且办得很好。起初，理查德也想过这家杂志社会不会破产，但是，他的团队在一年内就建立了相当稳固的读者基础。在出版杂志的过程中，理查德注意到一件事情：在他的杂志上，做邮购广告的人生意最好。这是一个伟大的新的经营方式。你先收钱，然后以折扣价进货，再逐一寄出。棒极了！理查德产生了做邮购生意的想法，他决定卖唱片，尽管他从未从事过这类职业。这也就意味着他再一次走出了自己的舒适区。这距上一次他站在校长办公室门外已时隔多年。

毕业两年后，理查德与约翰偶遇。

理查德说："约翰，我现在做得非常顺利。杂志也很受欢迎，但是我现在已经开始把更多的精力放在邮购生意上了，我要在其他人的杂志上做广告，我真是太忙了。你愿意经营这家杂志社吗？"

约翰问道："那么，该怎么经营呢？"

"你知道它会变得更好。只是现在我的资金很紧张，但是我们可以通过各种途径筹钱。你愿意与我合作吗？"

跟两年前一样，约翰的回答仍是："理查德，让我想一想，我会给你回电话。"

约翰还是没有回电话。

不久，理查德陷入了困境——邮政部门发生了罢工，而他还有很多唱片等着邮寄。理查德很清楚，如果不能尽快把自己手里的库存卖掉，他就会破产。理查德的一个朋友建议他在牛津大街的鞋店二楼买个商铺。理查德接受了这个建议。他把整个房间塞满了唱片，然后把正在大街上行走的人拉进商店，让他们静下心来听唱片，感受音乐的乐趣。他做得很好，没过几天，理查德就拯救了他的生意，并且认为开唱片店是个好主意。很快，他便相继开了第一家和第二家分店。但是，理查德渐渐发现，那些在音乐界真正做得好的人，不是那些拥有唱片商店的人，而是那些拥有唱片公司的人。

于是，理查德再一次走出自己的舒适区，着手创办了自己的唱片公司。然而，当人们更看好演艺界而不是唱片界时，他还是签约了一个叫迈克·欧菲尔德的年轻人。迈克是一个有着自己抱负和计划的人，他疯狂地热爱音乐，理查德给了他绝对的自由，迈克最终创作出了前所未有的优秀作品《管钟》。

理查德做这项事业承担着难以估算的风险，不过他也有自己的优势——长期以来他都在做着唱片销售生意，这对开唱片公司来说是很有利的。现在，理查德不仅其他生意做得好，还把自己的精力投入了唱片行业，并且又开始拓展新的领域了。对理查德来说，开启一项新的事业是轻而易举的。他又慢慢爱上了出版业，开始从事一些与影像和影像游戏有关的工作。

理查德最先想到的是他的老朋友约翰，他决定再给约翰一次机会。"我要创办一本新杂志，我希望你能加入我们。"这时他们已经离开学校好多年了，约翰感谢理查德又一次给了他这样一个机会，并且还是说道："理查德，我会给你回电话的。"

然而，他从未回过电话！

理查德继续做着自己的事情，除了生意，他还开始挑战自己的生理极限。他要让自己成为世界上用最快速度驾驶单体帆船穿越大西洋的人，他成功了。他还想让自己成为世界上乘坐热气球穿越大西洋的第一人，不过他的第一次尝试失败了。还记得他第一次挑战这一极限的场景吗？当时我在看电视转播。随着热气球慢慢上升，它的一面开始脱落。它被冻住了，起飞过程中就碎了。如果当时你看到电视上的理查德，你不会认为他是一个积极的人。他用了一个单词形容他的心情——"失望"。不过，他很快就恢复了平静，并且说道："明年我一定会再回来挑战！"他的确没有放弃，第二次他制订了一个详细的挑战计划。

一年后，理查德再次走出自己的舒适区，尝试坐热气球穿越大西洋。这一次理查德和他的团队胜利了，他们是世界上首次利用热气球飞越大西洋的人。他们在加拿大一个很大的体育馆里召开了新闻发布会，世界上很多知名媒体都来了，当晚英国电视台还对此事做了现场直播。那天晚上，约翰坐在电视机前，他转头对自己的妻子说："我本可以成为理查德的拍档！"他的妻子回答道："是的，我知道。"因为他已经对别人说过这件事不下 1 000 次了。

这个故事的主人公其实就是维珍品牌的创始人理查德·布兰森。

现在，让我们学习一些可以帮助自己走出舒适区的方法吧！

一个简单又好用的方法就是结交一些新朋友，并以积极的态度去影响他人的生活。

你要完成的挑战是在接下来的 24 小时内和 5 个你先前从未见过面的陌生人聊天。

和陌生人聊天，让他们感受到快乐，称赞他们，发现他们身上的一些特点。如果你在火车上，就和你对面的那个人聊一聊。如果你在公共汽车上，就和坐在你旁边的人聊一聊。如果你在超市，就和排队的人、坐在柜台后面的人聊一聊（他们肯定很乐意得到鼓励）。你还可以和电梯里的陌生人聊一聊。

如果我和两个以上的人一起走进电梯，当电梯门要关上时，我就会说："我想你们肯定很好奇为什么我会在这时说话？"其他人的反应可能会很大。如果他们微笑着面对你，那么你就会有意外收获。记住，你必须在 24 小时内和 5 个陌生人聊天。

你会非常享受这个过程。如果这成为一种习惯，这对你来说将会是非常有益的！

你认为在你和 50 个人交谈之后会发生什么？那时，你可能会惊讶于自己当初为什么害怕和陌生人交流。

也许在阅读本书前你就是这样的人，你可能会说："我已经这样做了，我就是这种善于交谈的人。"那非常好。不过，今后你可以更频繁、更有效、更积极地与他人交流，和那些你最不想与之交谈的人说话。如果你要去参加一场聚会或宴会，请努力和那些你一般不愿与之交谈的人对话吧。

当你每一次走出自己的舒适区时，请真实地将经历记录下来，写成日记。这样你就可以知道你在什么时候打破了哪些限制你的观念。当你再一次焦虑，再一次不知道该怎么办时，回顾一下日记里的内容，告诉自己："我先前已经做过相同的事情了，我一定可以的。加油！"同时，你也可以试试我们前面讲过的自我对话和积极的表达方式，使自己变得更好！

最后，如果你真的想让自己走出舒适区，一定要把握好下面三个神奇的要素。

⭐ 效率、团队和快乐

效率：提高效率，行动起来，你会更自信地走出自己的舒适区。假设现在已经接近最后期限了，你还没有开始跟陌生人说话，那该怎么办呢？此时你必须开始行动了。你必须给自己紧迫感，促使自己走出舒适区。

团队：如果和那些与你有相同信仰的人一起工作，你会更容易走出自己的舒适区。想象自己是团队中的一员，但是这个团队的规范在你的舒适区外。那么，要确保在你身边的是一些能够帮助你走出舒适区的人，而不是那些不愿冒险、一味求稳的人。如果你想知道自己 5 年后会成为什么样子，看看你所交的朋友以及你所读过的书就知道了。

快乐：你在快乐的时候会比较容易走出自己的舒适区。我最近买了一家公司的部分股份，又把自己公司的股份卖出去一部分，还要和律师开一些重要的会议。每次会议结束时，律师都会惊讶于我们在会议中表现出的快乐情绪，他认为："这是很少见的，更多人在这时只会坐在那儿干着急。"

换个角度看问题

所有杰出人物都有的一个品质就是他们善于换个角度看问题。如果我们和其他人有着一样的思考方式，那么大家就会得出相同的结论。就像爱因斯坦所说：**你之所以不能解决自己的问题，最主要的原因就是你运用了和别人一样的思维去解决问题。**

这句话说得真是太妙了！

理解大脑是怎样工作的是拥有与众不同的思维方式的第一步。了解这个过程非常有意义。

很多人都曾讨论过左右脑的思维。我第一次阅读这方面的图书是在 20 年前，进一步了解是在我开始研究世界各地的天才和心理学家的个人发展时。我们首先要知道大脑有左右两个半球。它们形成了大脑皮层，也称新皮层，是处理高层次思维的地方。

20 世纪 60 年代，罗伯特·奥恩斯坦和罗杰·斯佩里做了大量和大脑有关的实验。通过实验，他们发现大脑的左半球控制着身体的右半部分，而大脑的右半球控制着身体的左半部分。

奥恩斯坦和斯佩里还发现了高级思维在大脑两个半球中的运作方式是不同的。大脑左半球主要负责的是逻辑思维，如逻辑、阅读、序列、演讲等；右半球主要负责艺术、音乐、空间感、想象力，以及节奏等。但人们经常会混淆左右脑的职责，会把大脑的右半部分说成是掌管创造力的部分，认为大脑的左半部分是掌管逻辑的部分，这是错误的。最近的一项研究表明，大脑的不同部分是通过不同的方式运行与思考的，它们也可以模仿其他部分的思考方式。但是，**只有大脑的两部分协调一致、共同运作时，你才能获得真正的创造力**。

自然是神奇的。每个人都有左腿和右腿、左胳膊和右胳膊、左眼和右眼，它们发挥作用的最好方式就是协调合作。

我不知道你是否注意过，我们的教育体制最初是充满了神奇的创造力的。儿童的左右脑活动是非常平衡的。记得我在上小学的时候就非常喜欢音乐和体育两个科目。小时候的我们是很有想象力和创造力的，我们能穿着睡衣围着学校礼堂跑一圈。还记得我们小时候曾经玩过的游戏吗？我们曾经是"狮子""老虎"，是"一名宇航员"，这是多么富有创造力和想象力啊！但随着时间的推移，我们慢慢地改变了，认为以前的思想和行为都是愚蠢的。

我们的教育体制开始更多地强调学术技能（左脑），于是人们越来越多地运用左脑，关键是我们竟然开始用一个人运用其左脑的程度来衡量他们的智能。最终，我们的教育体制造就了一些左脑高度发达、右脑发育不全的"人才"。

你能想象只用左腿在跑步机上跑步吗？如果你只是加强身体一侧的训练，最终只会拥有一个畸形的身体，那么你为什么还要这样对待自己的大脑呢？

你需要做的是用不同的方式思考，并且努力让左右脑达到平衡。只有左脑和右脑一起工作时，才是你真正发挥创造力的时候。

迈克·弗莱利创作《大河之舞》的灵感从何而来呢？我曾经在一个电视节目上看到迈克谈到自己在设计舞蹈的每一个环节时都加入了不同程度的创新元素。他和他的团队测量了舞台的实际大小，以保证他们的想法可以付诸实践（虽然当时他还没有编排舞蹈动作）。他的右脑发挥了丰富的想象力，研究和想象着舞蹈看起来和感觉起来怎么样；他的左脑则负责计算出演员在舞台上移动的参数。然后，他们要思考并计算出演员表演时所站的精确地点，在两个场景之间换衣服所需的实际时间，以及什么时候加入背景音乐比较合适，如何保证作品上演时所需的经费充足，等等。

⭐ 三位一体的大脑

你想更多地了解你的大脑以及 **99.99%** 的人的大脑是如何运转的吗？

保罗·麦克莱恩博士提出了一个大脑是如何运转以及如何处理信息的理论。这是一个非常有趣的理论，因为它使我真正知道了我们是如何处理信息和想法的。麦克莱恩博士称之为"三重脑"或"三位一体的大脑"，并向我们展示了大脑的三个区域。

其中的一个区域叫作爬虫类脑。它在脊椎的最顶端，并且只发挥一些基础的作用，如战斗或逃跑的反应，换句话说，"要么统领天下，要么逃之夭夭"。这就是爬虫类脑所负责的功能。它是大脑最先形成的部分，不能做高层次的思考：它不能做出创造性的决定，不能记住大脑其他部分的运作方式，但它仍然是不可或缺的。

澳大利亚著名的鳄鱼捕猎者史蒂夫·欧文，有一次在一个巨大的池塘里捕捉鳄鱼时，看到了一只脚上有脓毒症的鳄鱼。当时那只鳄鱼很痛苦，史蒂夫想把它抓上来给它治病。

如果是我的话，我会在鳄鱼放松警惕的情况下，在半米开外投出一个标枪，然后全副武装，和六个助手一起用金属网把鳄鱼缠住，把它拖出来。史蒂夫则不同，他打算走进去，喂鳄鱼半头肥猪，在它饱餐一顿昏昏欲睡的时候，跳到鳄鱼的后面把它抓住。史蒂夫的想法非常奇妙，也有些疯狂！不过，我很喜欢他这种做事的方式。但是，我认为他对于这项任务的点评才是最精彩的。

当史蒂夫带着半头猪走进沼泽地时，他转向镜头说："它就在这里面，它绝对是一只漂亮的鳄鱼，只是它的一只脚受伤了，它正为此不开心呢。"接着，他又说，这只鳄鱼有 4.5 米长，有着非常有力的下巴，可以一下子咬断你的腿。

随着他越来越接近鳄鱼，我突然发现他身边还有一个摄影人员。那个人正在拍摄，但是谁照顾他呢？如果这时鳄鱼突然跳出来会发生什么？我想摄像师可能和我有一样的顾虑，因为我看到摄像机有一些颤动。

史蒂夫越走越深，也变得越来越激动，他正在向人们介绍鳄鱼是如何识别 50 米内的血腥气的。突然间，他们看到拐角处有一些动静，摄像师环顾四周，就在那时一条鳄鱼向他们游来。史蒂夫把猪肉扔进鳄鱼的大嘴中，但是鳄鱼避开了猪肉径直向他们游来。他们撒腿就跑，他们不想成为鳄鱼的食物。跑了四五步之后，前面要跨越一个 2 米高的栅栏。不过，他们两个都顺利跳过了栅栏。瞬间的放松和沉重的呼吸声使他们意识到自己已经安全了。回想一下，是什么给了他们力量让他们跑得这么快并顺利地跳过栅栏呢？

在那种非逃不可的情况下，爬虫类脑会释放肾上腺素和皮质醇，给人们能量和力量以逃离险境。在那种情况下，人们肯定不会用大脑的创造力部分，不会想"这种动物在古代就已经存在了，太神奇了"，也不会想"在一秒钟内，一颗几百克的牙每平方米要承受多大的压力才能撕破你的腿"。人们当时想的就是如何尽快地逃离险境，这就是爬虫类脑在发挥作用。

但爬虫类脑也有缺陷，当人们开始用爬虫类脑去摆脱困境时，困境可能会突然消失。此时，肾上腺素已经进入了身体，除非将其用尽，否则残留的肾上腺素可能引起健康问题。我很关心这一点，是因为我知道如果人们没有用肾上腺素帮助他们走出险境，那么肾上腺素就有可能引起心脏病、中风、癌症等病症。谁都不希望这样吧！

人们是如何选择使用大脑的哪一部分的呢？麦克莱恩博士提出了中脑理论。中脑是大脑的中心部分，也被称为边缘系统。边缘系统处理长期记忆、情绪、习惯、行为等信息。事实上，中脑是让你成为你自己的大脑部分，你的个性和你的特征都产生于这一部分，也正是这部分在过滤你的思想。

当一种思想进入你的大脑时，你会决定这个想法怎样运行。这个想法或刺激进入你的边缘系统（你的长时记忆、情绪、习惯、行为等使你成为你自己的东西都储存在这里），你的边缘系统会自动检索，"我要把这些想法向上输送到大脑的新皮层（负责创造力和想象力的部分），还是把它们向下输送到爬虫类脑那里

（我究竟是要积极应对还是要消极逃避呢）？"

不过，做出这种决定只是一瞬间的事情。在如此短的时间内，你要怎样才能控制自己的思维过程呢？很简单，训练你的大脑。

你可能会问，究竟如何才能在大脑处理想法时训练它呢？

非常简单——从小事开始练习。还记得有人问你"你今天过得怎么样"时要怎么回答吗？如果你的答案是"棒极了"，说明你已经开始训练你的大脑了。这一练习可以使你形成一种把自己的想法输送到控制着创造力和想象力的新皮层的习惯。当一种非常危险和严重的情况出现时，你的大脑会更倾向于把你的想法输送到新皮层，因为它经常这样做。

现在，你已经知道了大脑的这些运作方式，那么你已经成为理解大脑是如何运作的少部分人之一了。

磁共振成像表明，当人们受到相同的刺激时，会采取不同的方式处理。我看过一个视频，视频中有两个人，一个是抱怨者，另一个是积极者。当他们产生想法时，相关人员从磁共振成像扫描中发现：对于积极者，无论他接收什么信息，他都一直在用大脑新皮层（创造力和想象力）去处理问题；而那个抱怨者，无论他接收什么信息，他都会用自己的爬虫类脑去处理问题。对于这两种截然不同的处理信息的方式，你认为哪一种会使人拥有更好的生活品质呢？答案显而易见。

善于处理压力

杰出人物的第四大品质就是他们能够很好地处理压力，甚至能把压力转化为动力。

压力存在于我们生活的方方面面。就像内分泌学家汉斯·塞利指出的："没有压力，就谈不上有生活。"在生活与工作中，处理压力的能力决定了一个人的生活质量，而学会放松是应对压力的基础。

要想最大限度地放松，你需要理解自己真正放松时大脑中发生了什么。请不要忽视这一点，学会放松是你成为杰出人物必备的技能。

让我们先看看脑电波是如何工作的。事实上，当你处于清醒状态时，大脑的 β 波在发挥作用；当你开始放松，到达平静状态时，α 波在发挥作用；当你开始睡觉，大脑进入浅层睡眠时，θ 波在发挥作用；当你处于深度睡眠时，δ 波在发挥作用。

那么，人在何种脑电波模式下处于最放松的状态呢？答案就是脑电波模式处于 α 波和 θ 波之间时。有些人可以非常简单、快速地进入放松状态，尤其是那些经常练习冥想的人。但对大多数人来说，这并不容易，需要不断练习。

β波——清醒

α波——放松

θ波——浅层睡眠

δ波——深度睡眠

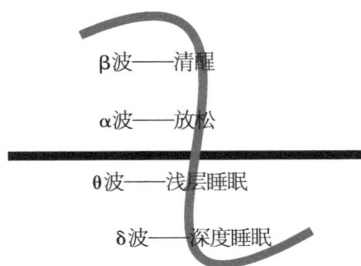

有些人会说:"我非常擅长放松。当我有压力的时候,就会打开电视机。一看到我喜欢的节目,我很快就能冷静下来,很快就能放松。"其实,当你这样做时,你只是那一瞬间放松了。因为大多数电视节目都不需要人们动脑子,但你并没有处理掉你的压力。要真正放松,放下压力,你需要找到一个能使脑电波模式处于 α 波和 θ 波之间的方法。可以说,看电视并不是真正的放松!

那么,什么方法能让脑电波模式处于 α 波和 θ 波之间呢?听轻音乐、冥想、做瑜伽、散步等方法都可以让人心无杂念、彻底放松。与其处在压力之下,不如学会放松,让自己的大脑轻松地工作,从容地理解信息、处理信息,这样你才能获得更多的创造力。

采取大量行动

杰出人物所具备的第五大品质就是采取大量行动。

你如何判断一个人是否成功呢？你认为那些整日无所事事、坐享其成的人会成功吗？你认为随波逐流的人会成功吗？

我认为那些每天都采取大量行动的人才更容易成功。

我经常和我的同事、学员进行现场辩论。他们都承认大量行动是取得成功的极好办法，但是他们更希望自己可以第一次就成功。事实上，对大多数人来说，能够在一个人们都愿意采取大量行动的公司工作，甚至在一个即使犯错也愿意不断行动的公司工作，他们会工作得特别开心，并且更容易取得成功。

如果你是那种能够努力发现自己的动机，并尽快将其付诸行动的人，你可以仔细阅读下面这个故事，它会激励你采取更多的行动，并最终获得大量美好的结果。

想象一下，比尔·盖茨正在接受英国有线电视台拉里·金的采访。拉里·金正努力让比尔·盖茨回答一些非常狡猾的问题，而比尔·盖茨则认为能用一个简单的答案将其应付过去。

"您成功的秘诀是什么呢？"金问。

"我们选择了正确的时间和正确的地点。"盖茨回答。不过，拉里·金显然对这个回答并不满意。

"这可不是事实。"金说，"很多人都选择了正确的时间和正确的地点，但是，只有你们创造了微软——世界上最大的公司，你们究竟是怎样做到的呢？"

"我想这是因为我们对未来、对家庭电脑、对台式电脑前景的认识。"

"是的，你们对前景的把握很准确！"金打断他说，"但是在这场竞争中，你们的公司不是最大的，究竟是什么使你们有了今天的成就呢？"

"我想这应该取决于我们产品的质量。"

"肯定不是这样！"金回答。

此刻，比尔·盖茨心里已有些不舒服了。金再一次发问："盖茨先生，到底是什么使你们有了今天的成就？为什么微软是老大？为什么到目前为止，你们在全球是最大的？为什么百分之九十的人都选择了微软的产品呢？"

比尔·盖茨看着拉里·金坚定地说："我们采取了大量行动。"

这时候，拉里·金终于满意了，并且认为自己得到了真正的答案，又问道："你可以为我们举一些例子吗？"

比尔·盖茨分享了一个故事。有一段时间，他们想为 IBM 公司设计个人电脑操作系统。一天，他们接到了 IBM 公司的电话："请过来一下，让我们看看你们的设计。"接到电话后，他们只用了 4 小时就到达了 IBM 公司，其中还包括 2 小时坐飞机的时间。

他们并不是一个犹豫不决的团队。接到电话后，他们就立即坐上了飞机，飞往 IBM 公司，花了大量的时间与 IBM 公司的人交流。事实证明，他们最终成了 IBM 个人电脑操作系统的设计者。目前，他们仍在不断壮大，且已成为全球个人电脑软件开发的先导。

除了以上五种品质，杰出人物还可能具有一些其他品质，但这五种品质无疑是至关重要的。

第 3 章

—

设定
行动目标

—

把目标设为现在时，把目标设在当下

最危险的事情不是目标太高，无法实现；而是目标太低，轻易就能实现。

前面，我们已经做了几个小练习，相信你已经知道了如何应对这种挑战。现在，是时候设立一些目标了！

你有明确的目标吗？你真的确切地知道自己想要什么吗？

如果你已经明确了自己的目标，那么，在接下来的日子里，你会去做比想象中多得多的事情，得到比想象中好得多的结果。这不是一件令人兴奋的事情吗？我建议你设定一个 90 天的行动目标，90 天说长不长，说短不短，它足以使你完成一些困难的工作，虽然还不足以让你快速地看到所有结果，但足够了。

接下来，我要向你介绍一些关于目标设定的基本知识，这是非常必要的。我们不需要设定 SMART 目标，我要告诉你的是一种更简单、更有效的设定目标的技巧，即 3P 目标设置法。

个人的（Personal）。

积极的（Positive）。

当下的（Present tense）。

当你开始设定目标时：第一，要确定该目标是个人的；第二，要确保它是一种积极的目标；第三，要把该目标看成是当下的、已实现的。

第一，我所说的目标必须是个人的，指的是目标中必须包含"我"。当你设定一个目标并将它写下来时，必须以"我"开头，比如，"我要……""我想……"这非常重要，它能让你在设定目标时全神贯注地思考什么对你是最重要的、最有意义的。

第二，你的目标必须是积极的。关于积极的语言，我们已经介绍过，你已经知道它们是怎样起作用的。选择正确的词语非常关键，它能够确保你建立一个有助于达到目标的正确表达。

第三，这个目标应是当下的，即把目标描述成已经实现的状态。这在很多人看来可能比较不可思议。你可能觉得目标就是你现在正努力集中精力去做的事，怎么可以是已经实现的状态呢？其实，当你把目标设立为当下已实现的状态时，你的潜意识会给你更多积极的暗示，推动你向目标努力前进。

把目标设为现在时，把目标设在当下，
这有助于大脑建立一种有利于目标达成的思考方式。

3P 目标设置法可以使你获得强大的推动力，能够加快你实现目标的速度。比如，你在一个天气晴朗的午后躺在草地上仰望天空，看到一团乌云飘过，在你还没来得及细想这团乌云像什么的时候，你就会本能地做出反应："看啊，那是一艘船！"或者"那不就是阿尔伯特叔叔吗！"为什么会这样呢？这就是大脑的第一反应，你的潜意识会对这些形象进行合理解释。

拳王阿里就是一个目标感非常强的人。阿里的"未来史"你听说过吗？

在某场比赛前的新闻发布会上，阿里看着对手的眼睛说出了他的目标："第三回合的第二分钟你就会倒下！"他说话时是如此确定。

在做出"预言"后，阿里做了一件看上去更有趣的事情。发布会结束，他回到宾馆躺下来进行全身放松。然后，他开始在脑海中演练接下来几天的情况。他设想自己不断地进行艰苦的训练，他明白，如果对手早上 5 点钟起来跑步，那么他就必须 4 点钟开始训练。他设想自己置身比赛中，人们呼喊着他的名字："阿里！阿里！阿里……"人们不断地呼喊着他！他自己会强化这种想象，增强这种感觉。他不断放大这种感觉，更深入地想象和感受来自人们的支持。

他设想了自己走出更衣室的情景。

比赛铃声一响，他就爆发了。他转向对手，此时在他眼中对手已经缩小了。他摸摸自己的拳套，开始进攻。

比赛正式开始。第一回合的情况与他心理演练的情形完全一样：他连续进攻，制造阿里著名的"混乱局面"——他像蝴蝶一样摇摆不定，像蜜蜂一样猛地刺向对方。

在第二回合，他打得更聪明、更有侵略性。然后是至关重要的第三回合，尤其是第三回合的第二分钟——他的爆发时刻到了！他用尽全力给了对手致命一击，对手应声倒地。阿里会将自己胜利的场景定格——他被聚光灯包围着，他是胜利者。阿里把这叫作"未来史"。

阿里的"未来史"非常准，他每次比赛的结果几乎从未超出过他的"未来史"的范围。每次训练时，阿里都会设定目标。每次人们询问他比赛会出现什么情况时，他设想的"未来史"几乎都与真实情况一致。

在实现目标的过程中，阿里形成了自己的信念和激情，这有助于激发他的斗志，他的每一顿午餐、每一次呼吸、每一种感觉都能最大限度地发挥其生理机能。正是由于阿里对目标的这种确定、这种自信、这种热情，他才会战无不胜，他的目标才会实现，他的梦想才能成真。

想要拥有阿里那样的自信，你需要设定一个对你而言非常重要的、必须实现的目标。

下面为你布置一项作业：为自己设定行动目标。

你需要确定一个对你非常重要的方面（参照生命之轮），仔细想清楚自己想要实现的目标。你可以先设定一些短期目标，如一些在 90 天内就能够实现的目标。不过，我仍希望你考虑一下 1 年的目标。记住，1 年其实就是 4 个 90 天。接下来，你还可以思考一下 5 年目标、10 年目标。

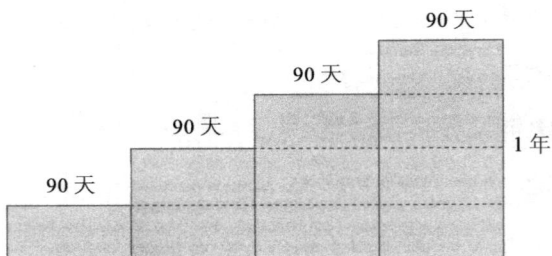

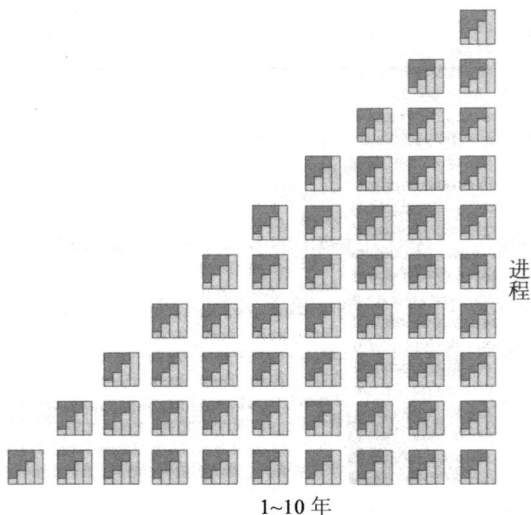

10 年是一个比较长的时间，设定 10 年目标的最大限制是你的想象力。米开朗琪罗就说过："对人们而言，最危险的事情不是目标太高，无法实现；而是目标太低，轻易就能实现。"

仔细思考一下这句话。

10 年时间，你会有多大的发展与进步呢？你几乎能获得你想要的任何东西，到达你想要到达的任何高度。你只要将 10 年分解为多个 90 天，在每个 90 天中都积极行动，在每个 90 天里都努力实现自己的目标，你就会发现自己每天都在进步，每天都在提高。三四个 90 天后，你就会发现自己已经取得了巨大的进步，惊奇地感叹："哦，太好了，我的目标实现了！"

每个 90 天你都有所提高的话，10 年后，你会惊讶于自己所能到达的高度。

闲话少说，现在就开始制订你的第一个 90 天计划吧。

那么，你想设定什么目标呢？在做决定之前，你可以先看看自己的生命之轮——人生中的 8 个关键方面是否平衡。在你的生命之轮中，一些比较薄弱的方面会显现出来，你应当采取相应的行动，针对薄弱点设定目标。为什么呢？因为这些方面将成为你发展的阻碍，它们会阻碍你生命的平衡，影响你的生活质量。平衡是生命之轮的基础状态。如果生命之轮处于不平衡状态，那么想要设定更大的目标将是非常困难的。因此，你可以为生命之轮的每一部分分别设定目标。

　　你在事业方面有目标吗？有没有哪一份工作会让你有这样的感受："我真的喜欢这份工作，真心想达到某个目标，这就是我的归宿。这就是我想完成的事业，这些都是我愿意为之服务的人。在这样的团体、组织里，我充满激情。"如果有，你可以在这个领域为自己设定事业上的目标了。

　　社交方面呢？你想与他人建立怎样的人际关系？在生命之轮的这一方面，你想到达什么位置？你希望人们怎样看待你？你希望自己在朋友、同事眼中是什么样的？你希望自己在父母、儿女、亲人们眼中是什么样的？在这些方面，你有目标吗？

　　精力方面呢？你是否想让自己更健康、更有活力？是否想让自己充满能量，感觉更好？

　　你真正想要的究竟是什么？一辆好车？一个美好的假期？还是想经历一些只有在梦中才能经历的事情？

　　现在开始想想你究竟想要什么？想想什么事情会令你兴奋不已，让你充满活力和能量？想想你的生活可能会错过、失去些什么？想想你怎样才能抓住它们？把这些事情都写下来，写下你的所有想法。记住从此时此刻起，你就要开始不断地提高自己了。根据自己的情况，你可以设定一些短期目标；如果条件允许，你也可以设定一些长期目标。那么，现在请停止阅读，拿出纸笔，为自己列出目标清单，并行动起来吧！

★ 你不应该这样写自己的目标

下面是一些人们在制定目标时应该避免出现的错误。

1. 避免使用"将要"而应使用"已经"。例如，别说"我要卖掉我的房子"，而要说"我已经卖掉了我的房子"。

2. 避免使用消极的语言。例如，别说"我不再负债"，而要说"我现在是财务自由的"。

3. 避免目标是非个人的，应使用"我"字。例如，别说"要去乘船游览"，而要说"我要去乘船游览"。

4. 避免目标不具体。例如，别说"我要减肥"而要说"我要减掉××斤，达到××斤——那时我将非常苗条"。

5. 避免只是写下这些目标而不采取任何行动。没有行动的目标只是理想而已。

【练习清单】

我的目标清单

标记时间 ＿＿＿＿ 年 ＿＿＿ 月 ＿＿＿ 日

✦ ＿＿＿＿＿＿＿＿＿＿＿＿＿＿＿＿＿＿＿＿＿＿＿＿＿＿＿＿＿＿＿＿＿＿

✦ ＿＿＿＿＿＿＿＿＿＿＿＿＿＿＿＿＿＿＿＿＿＿＿＿＿＿＿＿＿＿＿＿＿＿

✦ ＿＿＿＿＿＿＿＿＿＿＿＿＿＿＿＿＿＿＿＿＿＿＿＿＿＿＿＿＿＿＿＿＿＿

✦ ＿＿＿＿＿＿＿＿＿＿＿＿＿＿＿＿＿＿＿＿＿＿＿＿＿＿＿＿＿＿＿＿＿＿

✦ ＿＿＿＿＿＿＿＿＿＿＿＿＿＿＿＿＿＿＿＿＿＿＿＿＿＿＿＿＿＿＿＿＿＿

✦ ＿＿＿＿＿＿＿＿＿＿＿＿＿＿＿＿＿＿＿＿＿＿＿＿＿＿＿＿＿＿＿＿＿＿

✦ ＿＿＿＿＿＿＿＿＿＿＿＿＿＿＿＿＿＿＿＿＿＿＿＿＿＿＿＿＿＿＿＿＿＿

✦ ＿＿＿＿＿＿＿＿＿＿＿＿＿＿＿＿＿＿＿＿＿＿＿＿＿＿＿＿＿＿＿＿＿＿

✦ ＿＿＿＿＿＿＿＿＿＿＿＿＿＿＿＿＿＿＿＿＿＿＿＿＿＿＿＿＿＿＿＿＿＿

✦ ＿＿＿＿＿＿＿＿＿＿＿＿＿＿＿＿＿＿＿＿＿＿＿＿＿＿＿＿＿＿＿＿＿＿

现在，你已经有一张自己的目标清单了。清单上的项目可能很多，你需要从头至尾读一遍，同时思考："我真正想要的是什么？""当我审视这张清单时，是什么给了我巨大的动力？"

你要找出那些自己真正想要实现的目标，因为只有那些你真正想实现的目标才会让你充满热情，而不是五分钟的热度，只有那样的目标才会让你的生活与众不同。此外，还要保持平衡。只为生命之轮的某一方面设定目标将是难以实现的。

好极了！现在你已经有了一个明确的目标清单，并且上面的目标都是个人的、积极的、当下已实现的。你可以大踏步地改变、完善那些生命之轮中得分比较低的方面了。你要开始规划自己的 90 天计划以便尽快实现自己的目标。基础已经打好了，你准备好出发了吗？

在实现目标方面，我还是大力倡导"90 天"法；我把自己的整个人生都分成了不同的"90 天"。不过，回头看看，我确实觉得前面那个由多个 90 天组成的完美的 10 年进程有点不现实。

在我看来，我和其他很多人过去 10 年的生活应该更像下面这张图。

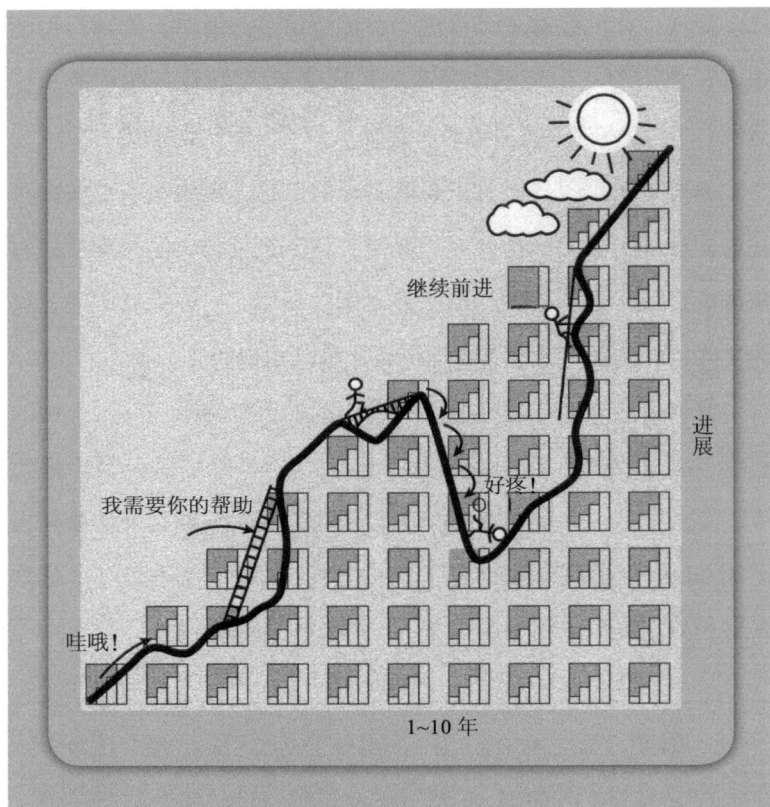

【练习清单】

90 天行动计划

标记时间 ＿＿＿＿＿ 年 ＿＿＿ 月 ＿＿＿ 日

目标：

1.＿＿＿＿＿＿＿　　＿＿＿＿＿＿＿＿＿＿＿＿＿＿＿＿＿＿＿＿

2.＿＿＿＿＿＿＿　　＿＿＿＿＿＿＿＿＿＿＿＿＿＿＿＿＿＿＿＿

3.＿＿＿＿＿＿＿　　＿＿＿＿＿＿＿＿＿＿＿＿＿＿＿＿＿＿＿＿

进度：

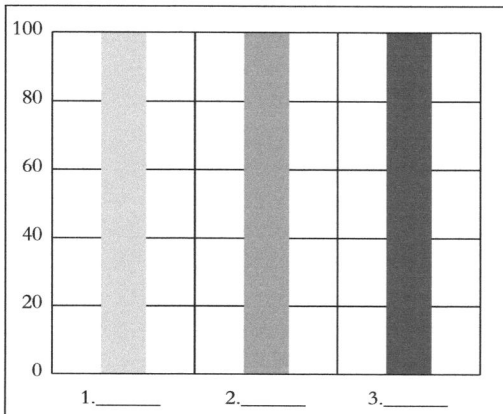

第 4 章

—

用信念
打破束缚

—

清除限制性信念，建立积极的行动信念

　　找出你最想变强的方面，把那些阻碍你的东西都写下来，然后先从最容易解决的问题入手。

本章将重点探讨什么驱使你前进，什么阻碍你发展。

生活中，总有一些东西在拖我们的后腿，如果没有这些东西，我们早就实现自己的梦想了。这些阻碍我们的东西就是限制性信念。

限制性信念让我们很难实现自我，所以学习一些清除限制性信念的方法会让我们受益匪浅。我们可以用一些更加令人兴奋、更有建设性的东西来代替那些限制性信念。当然，你必须有一个强大且对你有足够吸引力的理由，因为仅仅做出微小的调整是毫无意义的。

你现在是不是有一些疑问。

- 什么是信念系统？
- 它是否只是我们相信的一些东西？

● 它是怎样工作的呢？

让我们用一个简单的例子来解释信念系统。信念系统好比一张桌子，那么桌面就是你的信念（即你相信的东西），而桌腿就是支撑你的信念的证据。桌面和桌腿的组合共同构成了信念系统（如下图所示）。

如果你的信念是"我是一个很好的、很棒的、很漂亮的人"，那么你能找到证据来支撑这个信念吗？我相信你肯定可以（来吧，好好想一想）。或许你会在照镜子的时候发现"自己很美"；你也可能从别人那里获得赞美并一直牢记；你还可能因为帮别人做了点事情，从而获得了他对你的欣赏，使自己坚信："哇，我做得确实很好！"不管你拥有怎样的信念，你都可以找到很多理由支撑它。

你也可以拥有这样的信念："我太丑了，没有人喜欢我。"如果你有这样的信念，那么你能否找到一些证据支撑它呢？完全可以！当你听到有人在评论另外一些人时，你很有可能认为他们是在说你。当你认为自己不够好时，你可能连照镜子的时候都会觉得："噢，我的上帝！我怎么长成这样？"你看到一个比你长得好看的人就会觉得："和他们比起来，我简直丑极了。"你脸上长了个痘痘，你就会觉得每个人都在看它。由此可见，你能创造任何一种信念，并且总能找到理由支撑它。

现在让我们坐上时光穿梭机一起回到 2001 年 9 月 21 日，"9·11"恐怖袭击事件发生后的第十天，并问自己一个问题："今天在美国适合坐飞机吗？"

拥有不同信念系统的人会有不同的答案。有的人会说："是的，今天在美国可以坐飞机，非常安全。"有一些人则认为："不，这种时候在美国坐飞机太可怕了。"哪一个是对的呢？事实上他们都是对的，并且他们都能找到不同的证据支撑自己的观点。

拥有"今天在美国不适合坐飞机"这种信念的人通常会认为，"这肯定会有危险，航班可能会延误。报纸上说，还有 1 000 个人正在伺机炸毁飞机。这是个动荡的时期。那些家伙都是疯子，他们什么都做得出来，而且现在他们的首要目标就是美国。"当你的信念系统是"不"的时候，这就是你能找到的证据。你总能找到支撑你的信念的证据。你甚至会发现，在"9·11"恐怖袭击事件发生后的第十天，报纸也提供了不同的证据来支撑你的观点。新闻、电视节目、广播，以及流言都提供了足够的证据证明 2001 年 9 月 21 日这一天在美国不适合坐飞机。确实有大量的证据支持这一观点。

然而，倘若你拥有的是这样的信念："是的，今天在美国能坐飞机，真棒！"你能找到证据吗？当然——国防安全机制提高到了史无前例的程度，再也没有比当下更安全的时刻了。飞机票折扣很低，航班也进行了升级，这展示了航空公司的一种态度。对在美国坐飞机而言，再也没有比当下更好的时刻了。

那天，我接到了两个电话，都是从美国打来的：一个是我的英国朋友，另一个是我的美国朋友。这位美国朋友是一家大公司的总裁，我们要为他组织一次会议，他要坐飞机越过大西洋到英国与他们公司的顶级销售人员谈话。我们组织了整场活动：豪华的视频画面、优质的扩音系统、神奇的灯光、一流的场地，所有的细节都很完美。我们漏掉了最重要的一件事情——那个总裁！在活动开始的前两天，他打电话给我。

"我不会去的。"

"为什么？你不能这样，你赶紧坐飞机过来。"我回答。

"迈克尔，这个时候在美国不适合坐飞机，所以我不能过去。"

"不，这个时候非常适合坐飞机。坐飞机过来。公司的重要人物想见你。"

"如果他们想听到我的声音，可不可以通过电话？"

"别发疯了。你不能通过电话开会。"

"那我们能通过卫星开会吗？我们购买卫星信号，那得有多酷啊？"

"不，你坐飞机来见你的欧洲团队，这才是最酷的。"

不幸的是，他最终没有上飞机，而是通过电话与他的顶级销售人员完成了谈话。你认为他的下属们会怎么想？——他们的总裁不敢坐飞机！

最终这个总裁被公司解雇了。

大约 5 个小时后，我又接到了一个来自美国的电话。这次是我的一个英国朋友，她在电话那端的声音听起来很愉快。我问："你现在在哪儿？"

"我在美国，迈克尔。你不会相信发生了什么。三天前我发现有一份新工作在等着我去做，但在这之前，我还有几个星期的空闲时间，可是我身上只有 1 000 美元。我决定看看，用这 1 000 美元能旅行多远，但疯狂的事情此时就发生了。昨天我在华盛顿杜勒斯机场的长椅上睡了一晚。今天早上 6 点，我走到一家航空公司的咨询台前，问他们有没有到佛罗里达州的航班，我希望离奥兰多越近越好。她说：'有的，平常每天都有 8 个航班，但是现在只有两班。'我接着问：'太好了，能帮我看看现在是否有空位吗？但是我要先告诉你，我只有 50 美元。这能让我飞到佛罗里达州吗？'她回答：'我很抱歉，虽然我们现在有很低的折扣，但是 50 美元还是不够的。'"

我的朋友说："那算了。"她转身离开，朝着另一家航空公司的咨询台走去，他们正在微笑着迎接顾客。在那个特殊时期，他们为了招揽生意愿意做很多事情。她刚走出三步，刚才那个服务台的人就朝她大喊："不好意思，小姐，如果您现在回来，我们会尽量满足您的要求。"

这是个好兆头。我的朋友自信地走向他们，说："你们已经惹火我了，你们现在必须给我升舱。"他们肯定会照办的！最后，她乘商务舱从华盛顿到佛罗里达州只用了 50 美元（包括免费的香槟）。当她抵达的时候，正好又拿到了迪士尼乐园的免费票。她坐上了免费的穿城巴士，来到了一家星级宾馆，并以每晚 20 美元的价格住下了！她去了迪士尼。她在园内游玩的时候，工作人员见到她都非常热情友善并且彼此催促道："快点，米奇，把你的头套戴上，我们有一位客人！"在整天的游玩中，她都没有排队，但是迪士尼乐园那种欢快的气氛依旧。这简直令人难以置信！

她最后这样对我说："迈克尔，对在美国坐飞机这件事而言，没有比现在更好的时候了！"

这两个对立的信念系统，哪一个是对的呢？

他们都是对的！我从来不会说哪个信念系统是错的，但是我会说，一些人拥有积极的信念系统，另一些人则拥有消极的信念系统。在每一个特殊时期，人们都能找到必要的证据来支持他们相信的东西。

所以，你的信念系统是什么呢？

如果你拥有自己的信念系统，

你通常都会找到证据支持它。

找出你最想改变的方面，把那些阻碍你的东西全部写下来。写下你认为自己能控制的限制性信念，以及你不能控制的信念。记住，一定要把每一条都写下来。

如果你现在正在阅读本书，并且认为："我只能想到一两件阻碍我的事情。"这是没用的。这说明你没有努力思考。这里有一些线索供你参考。

☆	时间不够
☆	没有钱
	地位太低
	老板的限制
	伴侣的牵绊
	身体残疾
○	太老了
○	太小了
○	缺乏自信
	缺乏信任
	债务危机
□	很懒
□	喜欢拖拉
	害怕失败
	担心别人
	患有疾病

　　当然，还有很多其他事情，如果你能完全坦诚地面对所有阻碍你的事情，你可以写下很长的一份列表。不要停，坚持写下去，不要退缩，把每件你能想到的阻碍你的事情都写下来！

　　你或许会这样想："等一下。我认为这是一本积极的、能给人动力的书。我已经把所有阻碍我的事情都写下来了，如果我还继续关注它们，我将永远不会前进。"那就太好了——你就应该有这样的感觉。我要告诉你一个好消息：你快要摆脱它们啦！

　　前进的唯一方法就是认识到那些阻碍你的事情。这种意识在你向下一个阶段迈进的过程中对你有很大的帮助。现在，假定你已经列出了所有阻碍自己的事情。你会发现："天啊！太疯狂了，原来有这么多事情在阻碍我！"

　　现在，选择的时刻到了：你可以选择不再去想这些阻碍，继续这样生活；你也可以选择改变它们，改变自己的信念系统，但是，你一旦决定改变，就永远别想着后退。

　　其实，你现在就可以解决列表上的一些事情。找到它们并将它们在列表中标出来，先从最容易的入手。你需要做的是做决定，并且一直坚持下去。

　　现在再看看你的列表，你会说："哇，这真是个大工程！"剩下的都是些大问题，它们才是真正的问题所在。所以，你可以在不同的事情下面画线、标五角星或者画圆圈，再或者做一些其他事情来强调它们是关键性问题——大挑战。

　　你照做了吗？我希望你能这样做一做。如果你做了，你现在就应该清楚是什么东西在阻碍你变强了。那么，看看这个单子，问问你自己："如果我能永远摆脱这些事情，会有什么样的改变呢？"

　　你的头脑中或许会有一个声音说："我永远不能改变这些事情，这就是生活。如果我那样做了，别人会以为我疯了！我是谁啊！"

　　让你头脑中的这个声音消失吧，然后用一个新的积极信念代替它。

第 5 章

—

清除
"绊脚石"

—

清除"绊脚石",会给你的生活带来巨大的改变

写下一个具体的想法并采取行动,这对你清除"绊脚石"
非常重要。

我希望你现在已经清楚哪些信念是你的"绊脚石"了。从现在开始，我们一一清除它们。

那么，先从哪一个开始呢？那就从最大的那个开始吧。当你能够清除最大的"绊脚石"时，你会发现，清除小石子还有什么难的呢？

你也许会这样看待自己的"绊脚石"：

- 我为什么觉得自己太年轻了？
- 我为什么觉得自己太老了？
- 我为什么觉得自己没有资格？
- 我为什么觉得自己不合适？
- 我为什么觉得是家庭阻碍了自己的发展？
- 我为什么觉得自己没有足够的信心，并且害怕失败？

- 我为什么觉得自己没有足够的资源？
- 我为什么觉得自己没有足够多的钱？
- 我为什么缺乏自信？

对一些人来说很简单的事情，对我们来说或许无法跨越。同样，对我们来说很简单的事情，对其他人来说也可能无从下手。为什么会这样呢？因为我们总在为自己的"绊脚石"寻找支持性证据。

本书将教会你怎样消除这些可怕的"绊脚石"。现在，请发挥你的想象力。试着用一种有趣的方式创造一种肯定的信念；当你用一些词语来形容你的"绊脚石"时，可以尝试使用它的反义词。但做到这些并不足以摆脱它，这只是一个开始。

我喜欢简单、实用的方法，但关键还在于实践，在于运用。

你一直把某事放在嘴边，并不意味着你就能摆脱这个问题。这就好像前文提到的"没有杂草，没有杂草"那种情况，你只是站在那儿说"没有'绊脚石'、没有'绊脚石'"，这是不可能帮你摆脱"绊脚石"的。

改变你的语言

我希望你能重新组织你的大脑，以一种不同的方式看待问题。这将帮助你战胜那些你必须面对的挑战。你要建立新的信念系统（第 4 章已讲过）。在此之前，你必须毁掉那个旧的信念系统，并且在上面建立一些新信念，这些信念是和以前完全不同的。你可以从一些简单的事情做起，比如自言自语。就是说，当你面对"绊脚石"时，你可以进行自我对话。下面的例子，可以供你参考（还记得第 4 章提到的限制性信念的线索吗？你当时是怎么想的？下面的内容或许会让你豁然开朗）。

○ 缺乏自信

当你有这样的信念，如"我不是一个自信的人"时，它自然会成为你的"绊脚石"。如果你总说自己"不自信"，你会得到什么样的结果呢？你会建立一个"不自信"的信念系统，并找到证据支持你的不自信，最终你就会表现得不那么自信。

假如你用一个新的、肯定的、积极的信念系统来代替原先的系统，会怎么样呢？比如"我足够自信"，久而久之你便会感觉自己真的变得自信了。然后，你还会发现，自己变得外向了，并且能微笑地与人打招呼。所以，不要总说"我不够自信"，而是要告诉自己"我现在有足够的信心"。

☆ 时间不够

"噢，我没有时间！""时间不够用！"

每个人都拥有相同的时间，只是有些人比其他人更善于安排时间。所以，请用"现在我有时间做每一件对我来说重要的事情"代替"我没有时间"吧。或者简单地说："我有时间！"

你已经明白选择适当的语言是多么重要了吧？来吧，大声说："现在，我有时间做每一件对我来说重要的事情！"多棒的说法！

○ "我太老了"或者"我太小了"

根据你的年龄，我想举一些不同的例子。假如你的信念系统是"我太老了"，你可以换一种说法："我的经验和智慧能使我处于领先位置。""领先位置"是很高的地位。假如你的信念系统是"我太年轻了"，这说明你担心自己经验不足。你可以尝试这样说："热情、活力将帮助我实现自己想做的所有事情。"这样是不是比"我太小了"更能让你保持活力？

☆ "我没有钱"

你听到过有人这么抱怨吗？这其实是一个比较普遍的情况，大多数人都觉得钱不够花，你可能也存在这样的想法。并且，现在这一情况对你来说可能还是个大问题。如果你用"我需要的都有了"代替"我没有钱"会怎么样呢？想象一下，你需要的资源、金钱以及其他你想要的东西都在向你靠拢，告诉自己："我需要的都有了！"这不比"我没有足够的钱"更积极、更有力吗？如果你还需要一些理由来说服自己，那么再问一问自己："我怎样去拥有这些？"你会惊奇于自己的想法！

□ "我很懒"或者"我喜欢拖拉"

我经常听人说"我只是懒"或"我喜欢拖拉"。我早期的生活导师托尼·罗宾斯有一种关于"我要……"的理论，他说："当人们说我要做这个、我要做那个的时候，你知道会发生什么吗？他们永远不会去做，他们永远实现不了自己的梦想！他们需要的是行动，行动才能实现！"这样才会变好！

所以，与其说"我很懒"，不如说"我有热情、动力和能量去完成我要做的事情，我要使成功成为一种必然"！

当你开始运用不同的语言，尤其是用肯定句描述自己的信念时，你就会主动采取行动了。这并不是要你去追求华丽的辞藻和不切实际的东西，而是要你去重新整理你的信念系统，通过改变说话方式来重塑思考方式。这样你就能打造一个特别的、全新的自己。

语言有强大的作用，但仅依靠语言是远远不够的，你还必须付诸大量的行动。行动最重要。在你运用语言时，不要只在心里默念，而是要大声说出来，大声地说能使你记得更牢。在你运用这些语言时，要注意运用正确的形容词、合适的音色；并且在你想到它的时候，一遍遍地大声说出来，这样它才能成为你信念系统的一部分。

抛下不必要的担忧

我会教你使用两个工具，帮助你清除"绊脚石"和其他限制性信念。一旦你清除了那些大的"绊脚石"，接下来的工作就会变得很轻松。

我要分享的第一个工具很实用；第二个工具很直观，需要用到你大脑中那些不常用到的部分。

★ 影响圈 VS 担忧圈

第一个工具叫作"影响圈 VS 担忧圈"，它改编自国际著名作家和演说家史蒂芬·柯维博士提出的一个概念。它的方法是用笔在纸上画出解决问题的结构，并寻找合适的策略。

请看下图，有两个圆圈。大的那个是担忧圈，这个圆圈承载着你的问题、担心、焦虑，以及羁绊你的那些事情。

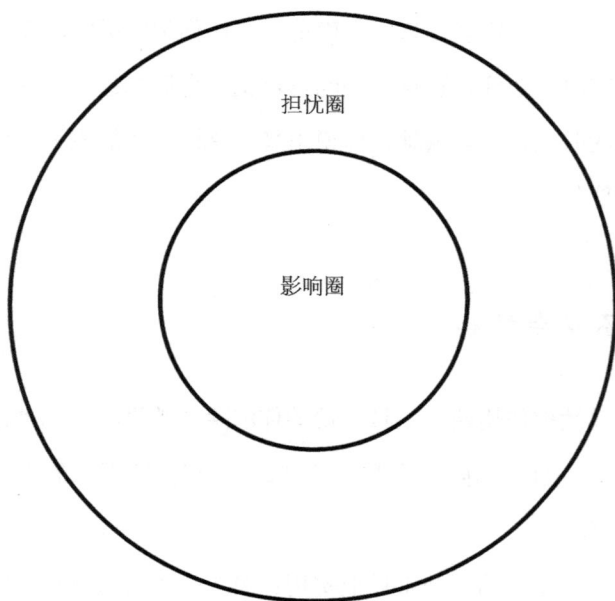

你身边肯定有一些人喜欢把他们所有的时间都花在担忧圈上。实际上，他们觉得在担忧圈花的时间越长越好，因为对他们

来说那是个好地方。为什么？因为那里舒服。当他处于担忧圈的时候，人们或许会同情他、关心他。尤其是当他讲了很多担忧的问题时，人们会为此感到抱歉。所以，即使他一直停留在那个圈里，他还是会感觉很好。可是，如果他一直如此，他就不可能取得进步。

那么，我们应该怎么做呢？利用这个担忧圈，把所有对"绊脚石"的担心都填在里面，填得越满越好。列出所有阻碍你的事情：别人的看法、你自己的感觉、结果、行动、问题等。把它们全部放进担忧圈里，像在纸上疯狂地涂鸦，能写多少就写多少。现在就开始做这个练习吧。

现在你有一个装满担忧的圆圈，你要对它做些什么呢？

现在，你只需要想一件重要到足以影响你的事情，并把它放进你的影响圈里。写下一个具体的想法并采取行动，这对你清除"绊脚石"非常重要。不管它有多大，或者有多么惊人，都没关系，你只需思考一个结果并把它写进影响圈就可以了。完成你影响圈中的一个想法、一件事将会给你带来改变。现在就去做吧！

如果你写了"改变我的态度""抽出一点时间"等诸如此类宽泛的事情，那么作为你的辅导者，我要告诉你，"你必须更加努力！"你需要把要做的事情具体化。

假设"缺乏自信"是你的"绊脚石"，你写"试着更自信"通常不会带来太多的改变。

如果你想快速变强，你需要采取明确的、具体的行动。比如，你可以这样写"读五本有关建立信心的书"。然后，你可以从每本书中各找五个可以运用的方法或技巧，评估它们之间的不同之处，最后集中精力掌握它们。

或者当你认为自己不具备从事某工作的资格时，你写下"获得一些能力"，这同样太模糊了。你应该这样写："咨询最有影响力的人，问问他们自己需要加强哪方面的能力，然后将这些能力列出来。要确保这些能力在自己可以实现的范围内，并且找到一种最适合自己的。"去问问私人顾问，看看是否有适合自己的能力——要可以快速获得的那种。

一旦你对一件事情有了想法，你可能还会想到两件甚至三件事情。这时最好停止想象。在你的影响圈中，最多只能有三个项目。

在完成你的"担忧圈 VS 影响圈"时，你要记住以下三个原则。

1. 在进入影响圈前，先了解你的担忧圈。

2. 在影响圈中，最多只能填三种积极的行动，绝不能再多。

3. 在影响圈中的行动一定要明确、积极、具体。

非常棒！我不知道你是否意识到，你已经在开始做计划了。也许在第 3 章之前，你还没有意识到什么是真正重要的东西，以及你希望在哪方面变得更好。记住，现在你已经决定要在哪些方面做出改变，并且你也意识到有一些事情在阻碍你前进了。

很少有人经历过这种过程；很少有人真正想过是什么在阻碍他们。你有机会去认清自己面临的挑战；虽然挑战非常多，但是我希望你能集中注意力，将精力放在最大的挑战上。你很快就会发现这才是核心问题所在。

到这里，你已经迈向了下一个阶段，并且找到了最大的阻碍。如果你能清除最大的"绊脚石"，就会给自己的生活带来巨大的改变。

接下来，你会迎接另一个挑战：发现看待问题的不同方式。你要开始创建一种新的信念系统，并且关注自己的说话方式。现在你并没有太多的证据来支持新的信念系统，所以你要做的就是选择新的词语，创造一种新的、积极的话语。

我保证，在你的新信念系统中，任何困难都会变得越来越不重要，你现在创建的新信念系统将掌管你的生活。

在这本书中，我还将教给你更多的方法，比如，如何寻找可以帮助你的人，如何提升自己的水平，如何改变你的生理机能，以及如何进行心理演练。

要知道成功并不是偶然发生的，成功的人大都拥有一套可操作的工具，可以帮助他们以与众不同的方式向前迈进。

★ 卓越的直觉：众志团队

这是一种应对特殊问题的深入而直观的方法，需要运用你的"众志团队"。直觉是我们拥有的最难以置信、最神奇的东西。直觉有时可以帮助我们解决问题、应对挑战，现在赶快来看看吧。

你想知道如何培养你的直觉，
并且在任何需要的时候运用自如吗？

拿破仑·希尔的畅销书《思考致富》是一本讲述个人发展的书。拿破仑·希尔是一个善于鼓舞人心的人。他找到了地球上那些最成功的人，并研究是什么让他们如此成功。他在 20 年中采访了 500 个人。他拜见过总统，深度访谈过企业领袖，甚至是社区领导。最后，他发现他们在某些方面有共同点，除了在第 2 章中讲过的：具有积极的思维和积极的行为、勇于走出舒适区、喜欢换个角度看问题、善于处理压力、常采取大量行动这些特质外，很多成功的人都拥有自己的团队，希尔称之为"众志团队"。这个团队由那些能坐在一起并且能为彼此提供宝贵意见和建议的人组成。团队里的人通常都有着很高的声望和智慧，或者丰富的经验。

如果你没有机会接近这些实力派，你该怎么办呢？虽然你不能与他们面对面交流，但你可以想象那个情景。非常成功的人不仅能获得"众志团队"面对面的建议，他们还懂得运用自己的直觉并在脑海中想象："我的众志团队会怎么做呢？"通过这种方式，他们同样能获得伟大的想法。

怎样想象以及如何从你的"众志团队"那里获取信息呢？

列出你所仰慕并信任的人的名单。闭上眼睛，放松，在你的想象中创造一个合适的见面环境，它可以是围着篝火进行的讨论会，也可以是会议室里的正式会议。这取决于你自己。

现在，想象一下你的"众志团队"坐在那里，为他们互相介绍一下——很有趣吧！最后，闭上眼睛，放轻松，想象一下自己正在和这些成员开会。

你可以向众志团队询问你现在正面临的问题，工作或是个人挑战，你接下来要做什么，或者怎样应对一个棘手的情况，这都可以成为你们的议题，在座的每一个人都会帮助你。众志团队的每一个成员都会为你提供行动指导，并贡献出他们的智慧。当你有答案时，睁开眼睛，采取行动吧。

我曾经把这个技巧教给那些面临严重问题的商人，在测试之后，有个人对我说："迈克尔，我有一个担忧。我能看见那个团队，也能为他们互相介绍，我也会让他们帮我思考问题。但是，当我需要反馈的时候，总感觉好像所有的想法都是我自己的，而不是他们的。"

"对！你就应该有这样的感受！"我告诉他，"当你的头脑中有这种声音的时候，如果你不能控制它们，你才需要担忧呢！"

这个工具只是帮助你培养直觉，找到一种合理的方法，厘清那些你其实已经知道该怎么做，只不过还需要一些东西帮你确定的事情。

所以，现在你只要闭上眼睛并且运用自己的想象力，就可以与那些能为你提供建议的奇人见面了。但是，这些是真实的吗？这些你想要向其询问意见并得到答案的、活生生的、能呼吸的奇人是真实存在的吗？当然是真实的！

你知道吗？当你需要某人的建议时，有一句魔术语言可以使他们很乐意帮助你。学会运用这句魔术语言，你的生活将大不相同。

影响圈 VS 担忧圈

标记时间 _____ 年 _____ 月 _____ 日

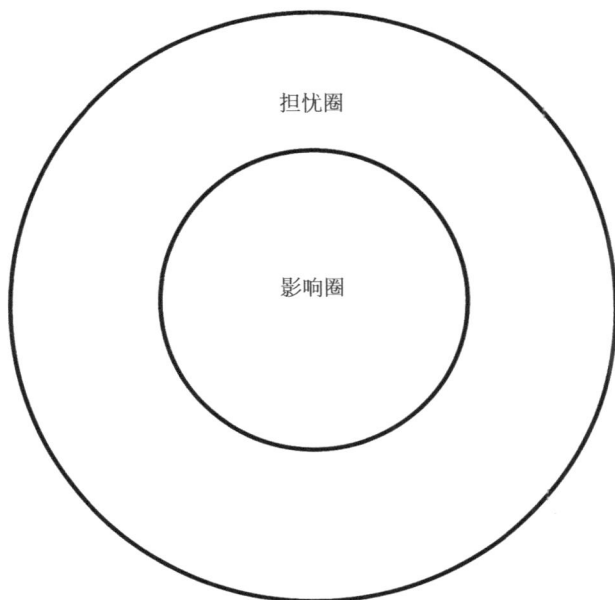

担忧圈

影响圈

我的众志团队

标记时间 _____ 年 ____ 月 ____ 日

（面临的问题）		
我的众志团队		

第 6 章

—

寻求
他人的帮助

—

在实现目标的过程中，你必须也必将得到帮助

在多数情况下，别人的帮助会让你更快、更容易、更有
效地获得成功。

当你变得越来越成功、目标开始实现的时候，生活会变得更简单、更平顺吗？

不会的。在大多数情况下，生活只会变得越来越复杂。一个新领域的成功往往意味着责任的提升、压力的增加，你要采取大量的行动，这会花费你大量的时间和精力。

成功的人都明白，他们需要团结周围的人来帮助自己才可以完美解决一般人解决不了的复杂问题。

这点值得我们学习，它可以帮助我们不断前进，在未来达到更高的水平。

下面谈谈如何去做。

摆正心态

在阅读下面的内容前，请牢记一点——你不能、不应该，也无法完全依靠自己完成所有的工作。也许你想变得独立，凭自己的能力做很多事情，或者你觉得找别人帮忙很不好意思。但是，为了变强，你必须接受这一点：在多数情况下，别人的帮助会让你更快、更容易、更有效地获得成功。

现在我们已经确定了这一理念，如果你接受这一点，那么你可以继续读下去。

学习魔术语言

虽然只是简单的一句话，但当这句话以正确的顺序和正确的方式表达出来时，就会改变你的一生。

虽然很容易，但是别被这句表面简单的话迷惑。只有正确地使用它，你才会改变自己的生活。

这一章讲的都是关于寻求帮助的内容。我将具体讲述如何寻求帮助。在我看来，使用魔术语言是最好的方法。人类的大脑就如同一个预先设定好的程序，当它听到"我需要你的帮助"这句话时，就会本能地反应"我该如何帮助你"。

我用多种句式进行了实验，它们都比不上"我需要你的帮助"来得有效。这看起来似乎很疯狂，但我仍希望你坚持练习说这句话，大声说，现在就说。

如果你正在公共场所阅读这篇文章，你可以让自己暂时休息一下，直到感觉舒适，但我仍希望你能练习用不同的方式、不同的语速和音调说出这句话。

下面我举一个简单的例子来说明如何寻求帮助，以及为什么得不到帮助。

这是一个寻求帮助最终失败的例子。

汤姆："嗨，苏，你知道你的朋友在这个城市的联系方式吗？你能把我介绍给他吗？"
苏："我会尽力而为的。你找他有什么事？"

下面是用魔术语言寻求帮助的例子。

汤姆："嗨，苏，我需要你的帮助！"

苏："好的，汤姆，什么事？"

汤姆："我需要你把我介绍给你在这个城市的朋友。"

我知道这里只有一些细微的差别，但是这就像"好"和"优秀"之间的差别，会带来完全不同的效果。

学习这些词语，练习它，在实践中检验它。

问对人

查理·琼斯的一生都在做一件事情：不断做得更好，并寻找机会帮助他人。他曾经说过："五年的时间，你就会变成这样一个人——集合你读过的书中所讲的好品质和你接触过的人所具备的优点。"

这就要求你一定要选择一些好的书来读！在辅导别人时，我经常质疑他们交往的对象。他们总是喜欢和那些毫无斗志、安于现状却又经常抱怨自己过得不如意的人待在一起。更糟的是，他们总是向与自己同样消沉的人寻求建议！

如果你想获得成功，你必须找一些斗志昂扬的人来帮助你。他们不必很有名、很富有，也不必是领导者，只要是敢于实践、充满自信的人就行。

自己做好准备

参照本书给出的建议，做好成功的心理准备。为了避免犯错误，你可以一小步一小步地进行，采取中庸之道。不做决策或者拖延而不采取行动其实很容易，却无法使你真正成功。现在，就让自己变得与众不同吧。你要让自己更有组织性、有动机，时刻准备着采取行动。为了让自己变得卓越，吸引别人加入你的计划非常重要！

制订计划

如果你不知道自己需要什么样的帮助，你将很难得到真正有用的帮助，所以你应该花点时间弄清楚自己需要什么帮助。我归纳了以下几种情况。

- 引见。
- 专业知识咨询。
- 时间规划。
- 寻求实用的建议。
- 如何制订计划。
- 避免犯错误。

- 更快地实现目标。

- 利用资源。

- 回顾你都干了些什么。

- 获得一个晋升的机会。

制订一个合理的计划将提高你成功的概率，这是值得你花时间去做的。现在就开始行动吧！

在对的时间问对的人

假设你已经制订好了计划，接下来要做的就是和那些可以帮助你的人建立良好的人际关系，并最终让他们参与到你的计划中来。

农民们不会在同一块土地上一直耕种，当一些土地耕种时，另外一些土地在休养着。其实，人际关系跟土地一样，在收获之前，你需要种植、灌溉和施肥，而且要让土地适当地休养地力。在寻求帮助之前，你也需要经营你的人际关系。

一旦你制订好了计划，你就需要花时间来寻找准能帮助你，并且清楚什么时候需要他们的帮助。有些人已经做好了准备，处在待命状态，他们只等着你提出要求。而另一些人，你则必须用心经营人际关系，以期获得他们的助力。

在确定谁能帮助你、你愿意帮助谁，以及你何时向他们寻求帮助后，你可能会发现自己的计划仍然存在不足。如果是这种情况，那么你需要找其他人来帮助你，尽可能多地会见朋友，维系和他们的关系。只有这样，在你需要帮助时，他们才会伸出援手。

比较幸运的是，你不像农民那样会受天气的限制，你可以每天都这样做。

慷慨、诚实和真诚

在学习和运用了下面的方法之后，你将更容易获得他人的帮助。你要慷慨、诚实和真诚，否则你是不会得到帮助的，原因如下。

慷慨

当你帮助别人的时候，感觉如何？

如果你确定你给予的帮助会获得回报时，你又感觉如何？

在今后的人生之旅中，仍然会有很多人向你寻求帮助，你也会需要别人的帮助，你又怎么想呢？

诚实

当你向别人寻求帮助时，他们会欣赏你的诚实。他们非常清楚你想让他们做什么。请确保你是出于正当的理由去建立恰当的关系的。谨记：永远不要通过建立关系来控制他人。

真诚

当别人给你一些建议时，请欣然接受，并且要记得回过头告诉那些曾经帮助过你的人，让他们知道事情的进展。千万不要错过为帮助过你的人做点什么的机会。请反复这样做。

打造自己的智囊团

你想知道如何才能做得更好吗？

这些年来，我遇到过很多读过这本书的人。他们几乎都爱上了这句话——我需要你的帮助。他们也知道它是如何起作用的，但缺乏行动是他们存在的最大问题。

如果你也是这种人，我建议你在未来的 24 小时里实践"我需要你的帮助"的想法，一次就好，只需要一次。

先写好你的计划，去找一位可以给你提供帮助的人。通过采取行动，你会变得充满动力，并且很快就会得到机会。在人生旅途中，你要抓住每一次机会，让自己变强。

如果你认识 5 个以上可以帮助你的人，那么你太幸运了。我们打个赌吧，赌注为 5 英镑，用我刚才教给你的方法，向 5 个人寻求帮助，试试看，他们一定会帮助你。

这意味着在你实现目标的过程中，

你必须也必将得到帮助。

⭐ **找一两个导师**

导师与"我需要你的帮助"名单里的人是稍有不同的。

让自己变强的关键之一是找一个能帮你提升、给你建议、教导和激励你的导师。要知道，导师比你有更高的水平！如果你的导师在大多数领域都非常优秀，对你的帮助可能也不会太大；你真正需要的是一个在你所从事的领域成就卓越的导师，你们有共同的兴趣、爱好，这才是能帮你达到目标的人。

如果你已经选好了导师，请定期与他见面，告诉他你的进步。如果你的导师很成功，他可能会很忙，没有足够的时间帮助你，他可能会把你介绍给那些可以帮助你更快、更好地解决问题的人。尊重你的导师，将来有一天也许你也能为他们做点什么。抓住机会，让这一天早点到来。

第一次正式与导师见面时，给他带些小礼物。这个礼物要有个性、有想象力，如果可能的话，在上面贴一张问候的纸条，或者附上一张卡片，将问候语工整地写在上面。你的导师会很感动，更重要的是他会展示给别人看，这会使你们的接触变得更顺畅。

⭐ 发展你的众志团队

正如我在地 5 章结尾提到的，你可以运用想象力，创建一个强大的众志团队。当你的直觉出现时，要运用想象的力量。因为没有限制，想象就会很奇妙。朋友，我知道这看起买有点傻，但是你要学会使用它！

你想让谁成为你众志团队的一员？如果让温斯顿·丘吉尔作为你的顾问或导师，你会接受他吗？那么理查德·布兰森或比利·康诺利呢？运用你的想象力，一切皆有可能。你的众志团队的成员可以是历史人物，可以是你钦佩的人，也可以是那些你读过他们文章的人。开始想象吧，尽可能考虑在各个方面或许会给你很好建议的人。

如果你还没有这样做，请停止阅读，花几分钟先创建你的众志团队；然后尝试在内心和这些人交谈，询问他们的建议。让你的大脑去思考，去探索众志团队的建议。

在指导别人发展自己的众志团队时，我曾花大量的时间让他们在整个过程中放松，最后他们会说："这是可以的，但是……我真的很惊讶！我脑子里会闪现出这些人——甘地、比利·康诺利，甚至我的同学！"尝试一下，你的众志团队聚在一起就是为了帮助你发挥直觉的。

下面是一些关于直觉的有趣现象。有时你的直觉会告诉你一些东西，你会收到相关的信息，但你不会真正明白自己为什么收到了那些奇怪的信息。当你提前预测了一件事情的发生，而那件事碰巧发生时，这就是直觉的作用。当你终于明白它的意思时，你会恍然大悟："原来是这个意思啊！现在我知道了！"

让思想真正地自由发散是很重要的。想象一下，如果你坐下来说："好吧，我闭上眼睛，现在我要想象一下与理查德·布兰森的会面。"在你的想象中，你可能会说："嗨，理查德，我如何才能挣很多钱？"布兰森可能会回答说："努力工作！"你就马上睁开眼睛说："我没有工作。"如果是这样，想象一下会发生什么呢？你不会得到你想要的结果。

但是，如果你决定"我要努力获取一份高薪工作"，并尽可能地用发散思维思考，那么你会喜欢你思考的结果。那样你就会顺其自然地问很多问题，然后得到惊人的答案。

你可以选择向理查德·布兰森或艾伦·休格咨询事业上的建议；同样，你也可以从一个非常苦恼的大婶那里得到关于人际关系的建议；你还可以从过去到现在一直陪伴着你并给过你好建议的朋友那里获取建议。当你在想象中与这些人一起坐下来，真正去感受他们话里的意思时，你会为你想到的东西感到震惊。

想象一下，让一些世界上伟大的思想家来帮助你清除"绊脚石"该有多好。一定要这样做！一旦你得到建议并采取了大量的行动，我相信你一定能够清除那块"绊脚石"！

当然，你还可以将这种直觉运用到生活的各个方面。因此，你一定要开发你的直觉，向它学习，与它一同成长，最重要的是信任它。

—

第 7 章

树立
全新的
价值观

—

价值观可以改变你，就像你可以改变价值观一样

　　问问自己："为了成为我最终想要成为的人，我应该具备什么样的价值观？"请你把这些价值观写下来，并认真地分析，你将使用它们来重塑你的人生。

价值观与我们的生活息息相关。简单来说，价值观就像氧气一样对我们是必不可少的。

亿万富翁约翰·坦伯顿是有史以来最成功的投资商之一，他一直坚持自己的价值观，从不随波逐流。他会将 50% 的收入用于投资（这一观念及习惯在他成为职业投资商之前就已确立），他

每年还会出资数百万美元去做有意义的事情，比如资助有困难的个人和项目。他已经写了许多关于精神生活以及奉献精神的图书。

前纳斯达克主席伯纳德·麦道夫同样是一个富甲一方的商业奇才，但他的那些不义之财是通过金融诈骗获得的。他的价值观建立在贪婪的基础上：能赚大钱（甚至从员工福利中获利）又要免于被抓。最终，他的儿子举报了他，他被判刑 150 年。他的所作所为也是坚持自己价值观的结果。

你想成为哪种类型的富人？

在阅读本章的过程中，你可能会思考："作者到底想表达什么？""想让我从中得到什么？"

此时此刻，我希望你能坚持把本章读完，并在进行下一步之前，完整地完成我所要求的练习。这将为你构筑卓越的未来打下坚实的基础。

首先，我想问你一个重要的问题：你有什么问题要解决吗？

人生问题

你有什么样的人生问题？你一天中思考最多的问题是什么？

现在，你也许会认为："我没什么问题可问，也真的不存在每天反复问自己的问题！"更有甚者会说："我不知道你的话是什么意思！"

没关系，我给你一些其他人需要解决的人生问题作为参考，你就会慢慢明白人生问题是什么。你可能会问自己这些问题，也有可能在看过这些例子后还没有意识到什么是人生问题。但是，无论如何，我都希望你不要对这些问题评头论足，我只是想让你意识到你内心的真实想法。

下面就是一些人的人生问题。

- 我怎样才能参与其中？
- 我怎样才能做得更好？
- 我能找到一个爱我的人吗？
- 为什么没有人喜欢我？
- 为什么我对自己做的任何事都不满意？
- 为什么我不能把事情看透？
- 晚餐该吃什么？
- 我为何来到这个世界？
- 真正重要的是什么？
- 我为何不快乐？
- 接下来我该做什么？

上述问题有些是积极的，有些却很消极。甚至有些问题从表面上看很积极，但是一旦我们深入思考便成了消极问题。不管你想到什么问题，你都应该问问自己："一直问自己这个问题的后果是什么？"

我曾经常常问自己："我怎样才能参与其中？"换句话说，我问的是："当我跟这件事情有关时，会发生什么？"起初，这似乎是个好问题，因为它能带来许多机遇。当一些事情发生时，我希望自己身处其中。通过参与众多不同的团体，与不同的人进行思想碰撞，我能找到令人兴奋的新途径和新方法让人生更精彩。然而，我也意识到，这些会让我不能集中精力做最重要的事情。比如，与人聊天时，我往往不能专注于说话的人，而是倾向于了解他们背后的故事。我很好奇他们周围究竟发生了什么事，我会想"我是该参与这件事还是那件事"。我意识到，"我怎样才能成为这个团体的一员"这个问题实际上给我带来了负面影响。一旦意识到了这一点，我的人生问题就改变了。

为了改变我的人生问题，我花了很多时间思考："什么对我来说是重要的？""我有什么技能？""我是什么样的人？"最终，我总结出的新问题是："如何利用充沛的精力专注我的人生目标？"

自从脑海中出现这个新问题，我变得越来越专注了。机会接踵而至，在不断询问自己这个问题时，我意识到我应该关注最重要的部分。于是，我做了更好的选择，写了这本书！很显然，我做出了更好的决策。

现在，回到"什么才是你的人生问题"这个问题上。哪个问题你问自己的次数最多？解决这些疑问的一个很棒的方法就是思考："每天早晨醒来，我会对自己说什么？当我出差或者处理日常事务时，我会问自己什么？"

此刻，如果你没有第一时间想到什么问题，也不需要过于担心。也许在看过这本书很久之后，这个问题才会在你的脑海里突然闪现。届时你要做的就是意识到这个问题。

发现人生问题时，你可以这样问自己："这是否有意义？"如果它是一个有意义的问题，你就需要不断地追问，并且不断地改善它。强化这个问题并通过问题改变自己。如果它是一个消极的问题，或者对你没有帮助，又或者不能促使你得到自己想要的结果，那么你就需要换一个新问题，然后有意识地不断重复探究这个问题。很快，它就会成为你潜意识的一部分，成为你人生的一部分。

如果你还不能确定自己的人生问题是什么，这里有一些我多年来听到的最常见的人生问题。你可以问问自己，看看它们对你是否有帮助。

- 接下来会发生什么？
- 我应该穿什么？

- 怎样才能结束这件事？

- 有什么比这个对生活更有帮助？

- 某某怎么看待这个问题？

- 下午茶要吃点什么？

- 为什么它总是发生在我身上？

- 我怎样才能解决这个问题？

我认为，从某种角度看，上述问题都是消极的。因此，我重新列了一份新的、能够鼓励你的、积极的人生问题清单。

- 如何才能使我的才华发挥到极致？

- 我能做些什么使这一刻更有意义？

- 我在哪里可以找到更多激励心灵和改善心态的东西？

- 今天我能为成长做些什么？

- 我该如何感知这个世界？

请完成你的"人生问题清单"。

【练习清单】

人生问题清单

标记时间 ＿＿＿ 年 ＿＿ 月 ＿＿ 日

✦ ＿＿＿＿＿＿＿＿＿＿＿＿＿＿＿＿＿＿＿＿＿＿＿＿＿＿

✦ ＿＿＿＿＿＿＿＿＿＿＿＿＿＿＿＿＿＿＿＿＿＿＿＿＿＿

✦ ＿＿＿＿＿＿＿＿＿＿＿＿＿＿＿＿＿＿＿＿＿＿＿＿＿＿

✦ ＿＿＿＿＿＿＿＿＿＿＿＿＿＿＿＿＿＿＿＿＿＿＿＿＿＿

✦ ＿＿＿＿＿＿＿＿＿＿＿＿＿＿＿＿＿＿＿＿＿＿＿＿＿＿

✦ ＿＿＿＿＿＿＿＿＿＿＿＿＿＿＿＿＿＿＿＿＿＿＿＿＿＿

✦ ＿＿＿＿＿＿＿＿＿＿＿＿＿＿＿＿＿＿＿＿＿＿＿＿＿＿

✦ ＿＿＿＿＿＿＿＿＿＿＿＿＿＿＿＿＿＿＿＿＿＿＿＿＿＿

✦ ＿＿＿＿＿＿＿＿＿＿＿＿＿＿＿＿＿＿＿＿＿＿＿＿＿＿

价值观

现在让我们集中到价值观上。首先，你需要审视自己的价值观；其次，看看你的价值观是否正确；最后，你要思考自己是否想改变这些价值观，以及如何通过新理念来支持它们，使它们成为你人生的关键部分。

你必须对自己绝对诚实，否则，不久之后你可能会发现你所认定的价值观对你来说并不是那么重要。这就像你去参加一个减肥俱乐部，你可以自欺欺人地告诉自己你做得很好，但事实如何会在每周例行称体重的时候显现出来。如果你是和别人一起参与这个过程的，你的价值观很可能会和别人不同，那么请记住，这没什么大不了，你的价值观就是你的价值观，价值观没有优劣之分。关键是什么对你最重要，以及你的人生想要达到什么样的高度。

那么，你目前的价值观是什么？

不是说你期待的价值观，而是你当下持有的价值观。你怎样度过你的人生？这样对你有什么影响？

1. 成功。你想获得成功吗？你想成为某个领域的佼佼者吗？你想成为第一吗？

2. 乐趣。你会将乐趣作为你的价值观之一吗？你愿意将笑容和享受生活当成你人生的全部吗？

3. 激情。有什么事能让你感到激动？即使你要付出很大的代价，承担巨大的风险，你也想从某件事情中体验巨大的激情吗？

4. 贪婪。你会将贪婪作为一种价值观吗？如果你认为："是的，我想要更多！更多！更多！"那么，你就已经将贪婪作为一种价值观了。

5. 热情。你会从一大早开始，就将热情保持一整天，并让你周围的每个人都被你的热情所感染吗？

6. 权力。权力对你重要吗？你想成为领导者吗？你想让周围的人在看到你时说"他是这里最有权力的人"吗？

7. 爱。爱是你的价值观之一吗？爱别人还是被别人爱？爱真的对你很重要吗？

8. 正直或诚实。你认为真理应该凌驾于你所有的价值观之上吗？即使要承担一切后果，你还会讲出事情的真相吗？当别人违背这一原则时，你是否会觉得他不可饶恕？

9. 赞誉。你想让别人认同你的努力吗？你想让人们承认你所做出的贡献吗？你最想以什么身份、在哪里，最重要的是做成什么事情来获得别人的欣赏？

10. 拒绝。也许你会好奇，到底如何把拒绝作为一种价值观，但有些人确实是这样做的，因为拒绝是他们生活中重要的一部分。他们对此也会感到烦恼。就像人们每一天都会思考事情一样，当拒绝成为一种习惯时，拒绝就成了一种价值观。

11. 控制。你愿意被束缚吗？你了解自己真正想要的东西并且愿意做任何事情去实现它吗？如果你是一个善于实践并且能用自己的方式解决问题的人，那么控制对你来说可能就是一种价值观。

12. 责备。你会因为发生了不如意的状况而责备身边的人吗？你会"打破砂锅问到底"吗？

13. 刺激。你是那种会（或者不会）借助悬挂式滑翔机从悬崖上跳下去的人吗？你喜欢探险或者用一种令人兴奋的方式去冒险吗？又或者，你会在工作中寻找刺激吗？你认同刺激是各种关系中必不可少的一个因素吗？刺激可以成为你的价值观吗？

14. 稳重。与刺激正好相反。你想要变得稳重吗？你想要所有的事情都按照常规发生吗？你想回到家后看到什么变化都没有吗？你喜欢这种四平八稳的感觉吗？

15. 担忧。你发现自己时刻都处于忧虑之中吗？你有没有为自己关注的事情担忧的习惯？如果有，那么担忧就成了一种价值观。

16. 奉献。你觉得奉献是至关重要的吗？你愿意不计回报地花费时间和财物去帮助他人吗？你是一个志愿者吗（即使是去做那些你讨厌的工作）？

17. 健康。你关注自己的健康状况吗？你在意自己的饮食方式，认真照顾自己，并且认为有营养的食物和活力是保证生活质量的关键吗？

18. 创造力。你做每一件事情都会充满创造力吗？你会经常思考做事情的新方式吗？你认为从不同方面思考，提高思维能力重要吗？你乐于看到由自己的创造性活动产生的成果吗？

世上有成千上万种价值观，希望你能仔细思考你现在坚持的价值观，然后把它们写下来，想写几个就写几个。注意，你写的不是你期望拥有的，而是你当下拥有的价值观。

写下自己的价值观，是整本书极其重要的一个部分，继续阅读下去，你就会发现其中的原因。

为了把这件事情做好，你必须严格按照说明，并且和我一起把这个过程进行到底。如果你还没有写下你的价值观，那么请立刻停止阅读，先把这件事完成。

也许你已经在想自己还可以在清单上添上其他的价值观。很好，继续添上。你可能赞同，也可能不赞同我之前列出的关于那些价值观的描述。但是请记住，前面提到的价值观并不一定是适合你的，它们只是一些范例。所以，用什么词汇，用怎样的方式描述，完全由你自己决定。

接下来，你要做的是把这些价值观按重要性排序。浏览你的清单，然后问自己："现在我写下的价值观中，哪个是最重要的？"确认之后，在这个价值观前面写下数字 1，然后依次写下其他价值观的排序。这里不是说你标注数字 2 的价值观就不重要，你的标注只是意味着你在根据细节决定它们的顺序。到目前为止，你的价值观清单就是这样。当然，你可能有很多个价值观，把它们从 1 到 5 或者从 1 到 10 排序。现在就这样做吧。

还有一个重要的问题。请仔细思考一下，你最终想成为哪一种类型的人？我们很少这样问自己。但现在，请专门写下你最终想成为哪类人（具体些，不要仅用几个词进行描述。如果需要，你可以长篇大论）。暂停阅读，把它写下来。

既然你已经想好了自己最终想成为什么样的人，并且把它写了下来，现在看看你的价值观列表，问问自己："是不是价值观按这样排列，我就可以获得最终的成功，成为我想成为的人？"

好好想一下这个问题。你可能会问："为什么这个问题如此重要？"很简单，如果你的价值观和你最终想成为的人无法协调一致，那么你就不可能成为你想成为的那种人。

在工作中，我经常听到有人说，他们想成为为社会做出巨大贡献的、声名远播的人，为家庭生活付出全部的人，关心自己身边所有人的人。

但当他们回过头来看自己的价值观列表时，发现其中排在前几项的价值观却代表着权力、赞誉和冒险。这样的价值观又怎么能帮助他们实现目标呢？

95% 的人做过这个练习后，都能明白为什么自己总是不满意当前的生活。他们的价值观体系要么全部，要么部分与自己的生活目标不符。在错误价值观的影响下，人们是很难梦想成真的。

请完成你的价值观清单。

【练习清单】

价值观清单

标记时间 _____ 年 ____ 月 ____ 日

序号	价值观	价值观描述
		◇ ◇ ◇
		◇ ◇ ◇
		◇ ◇ ◇
		◇ ◇ ◇
		◇ ◇ ◇

序号	价值观	价值观描述
		◇ ◇ ◇
		◇ ◇ ◇
		◇ ◇ ◇
		◇ ◇ ◇
		◇ ◇ ◇
		◇ ◇ ◇
		◇ ◇ ◇

创造新的价值观

你可能已经发现自己有一些错误的价值观。现在，你有必要改变和调整你的价值观，你还可以添加一些新的价值观，这些观念将会助你更快地获得成功！

对你来说，这是一个重要的时刻，你的生活将因此变得不同。我希望能和你一起分享这种激动！你可能会想："好的，我稍后会重新树立我的价值观。"如果你这样想，请现在就行动！

不管你是否需要改变、替换或调整价值观，你都需要为自己创造一个新的价值观体系。

问问自己："为了成为我最终想成为的人，我应该具备什么样的价值观？"

现在，把注意力集中在你想成为的那种人身上，想想那样的人会有什么样的价值观并写下来，然后认真分析。

问问自己："是不是这些价值观这样排列，我就可以获得最终的成功？"当你看着新列表思考这个问题的时候，你能发自内心地说"是"吗？如果你能满怀激情并十分肯定地回答"是"，那么这个新的价值观列表将会成为你人生的指南针，引导你走向成功。

如果你的回答暧昧、含糊，那只能说明你并不是发自内心，也不是十分肯定和充满热情地接受这些价值观。静下心来，挖掘你心灵深处的想法，直到你能做出肯定的回答。

现在，你应该有一个新的价值观列表了。你认为在这样的价值观下你的生活会变得困难，还是容易？你会尽可能地让生活和这些价值观变得一致吗？

回顾一下，想想你原来的价值观是如何形成的。在写下它们之前，想想它们是如何成为你的价值观的？只有当你在自己的价值观的引导下生活时，它们才会成为你真正的价值观。现在，再想一下，你要如何形成自己的新价值观？

不管你是否意识到这些，整个过程就是这样的：你首先确定了什么对你最重要；基于此，你创建了你的信念系统；然后又发现和找到了其他东西来支撑你的信念系统，它们共同支撑着你的价值观。

谁制定了价值观的评价标准？

你自己！

希望你的价值观现在已经被肯定——你可能也经历过不被理解、不被肯定的时期。你的价值观能得到他人的肯定很重要，你会想："是的，我想要我做的事情被肯定，那样会感觉很棒。"但是，你要记住，认可的标准是你自己制定的。有些人觉得他敬重的人的一两句赞誉就是对自己的认可；有些人觉得记录着他卓越工作表现的卡片就是对自己的肯定；还有些人认为他人一句善意的表扬或者一个赞赏的目光就是对自己的认可。你自己决定了适合信念系统的评价标准，这个信念系统才形成了价值观。

看一看你新写出来的价值观列表，想一想认可的标准和要求，它可以帮助你适应拥有新价值观的生活。

让我们说说"开心"这个价值观。"每次听到笑声，我就很开心"可能是你的第一价值观。注意：这里你对"开心"这个价值观的判定标准不是"每次开怀大笑"，而是"每次听到笑声"。如果将判定标准换成"每次看到明亮的颜色，我会开心"，怎么样？你会那样吗？

记住，你自己来决定价值观，因此你可以更改它们，形成新的信念系统。如果你觉得，"每次下雨时，我会开心地享受生活"，你也可以这样做！

最后，我们来谈谈关于"成功"的价值观。你如何衡量成功？对有些人来说，成功很简单，"当我得到第一名时，当我确信所做过的每一件事情都能获得一点点进步时，我就能体会到成功的价值观"。还有人可能会认为，"当我获得丰厚的回报时，当我能够驾驶某一款车时，当我的销售额直线上涨时，当孩子们告诉我我已经做到了的时候，当朋友认可我的时候，我就感觉到了成功"。

这些都很好，但他们是否感到了真正的成功呢？他们可能从来都不觉得自己获得过真正的成功，因为他们总是不满足并认为自己能得到更多。这些目标都很伟大，但请记住，我希望你每一天都能运用这些价值观，并深刻感受这些价值观。因此，如果你有一些关于成功的价值观描述，试着用下面的话来替换它们。

- 当我准时到达预定地点时，我觉得成功了。
- 回顾一天，我觉得带给大家快乐时，我成功了。
- 在我的一生中，对正在做的事充满肯定时，我觉得成功了。
- 看见我的孩子因我而展现微笑时，我觉得成功了。
- 当我用心观察这个世界，看到其他人走向成功时，我觉得成功了。

把这些当作成功的标准，每一天你都会感受到成功！

最棒的一点是，因为你改变了你的价值观体系和判定标准，随着时间的推移，你会越来越成功。

这个练习对一些人来说可能很容易。为了支撑你的新价值观，你制定了一些标准，它们会帮助你成为你最终想成为的人。所以，现在就行动起来吧。

事实上，很少有人能抓住机会做这些练习，而你已经完成了！你已经创建了一个新的价值观体系。为了适应它，你已经制定了相关的标准。接下来，你要能够熟练运用这个新的价值观体系。运用这个价值观体系将会是一件非常有趣的事情。

　　我知道对许多人来说，这是本书中最有趣的部分，但理解起来却有一定的难度。你可能需要多次阅读这一章才能深刻理解它的内涵。请认真学习，努力创建一个新的价值观体系，这会帮你取得进步。如果你这样做了，你的生活就会与之前截然不同了。

【练习清单】

我的价值观

标记时间 ＿＿＿＿ 年 ＿＿＿ 月 ＿＿＿ 日

我的目标	相匹配的价值观	价值观描述
		◇ ◇ ◇ ◇ ◇ ◇
		◇ ◇ ◇ ◇ ◇ ◇
		◇ ◇ ◇ ◇ ◇ ◇

（续表）

我的目标	相匹配的价值观	价值观描述
		◇ ◇ ◇ ◇ ◇ ◇
		◇ ◇ ◇ ◇ ◇ ◇
		◇ ◇ ◇ ◇ ◇ ◇
		◇ ◇ ◇ ◇ ◇ ◇

—

第 8 章

神奇的
心理演练

—

用愿景助力行动

心理演练可以在许多不同的领域发挥作用。它是一种简单有效的技巧，几分钟的投入就会产生很大的成效，会让你收获很多。

当你百分之百确定一件事，并且用心去做时，你往往可以达成预想的目标。

现在，我们来学习如何采取措施、运用不同的方式确定愿景并规划未来。

⭐ **第一步**

第一步非常简单，而且充满乐趣。你可以花一些时间，用最简单的方法——绘画（简笔画也可以），把你的期望做一个直观的展示，画出你想大展身手的事情。当然，你也可以花点时间和精力，在杂志上找一些图片，把它们剪下来，或者拍个视频，又或者在网上找一些图片，然后打印出来。

比如，你的目标是去佛罗里达旅游，你要怎么做呢？花点时间，大胆发挥你的想象力，憧憬一下到佛罗里达后的日子，并把它展示出来。但是，如果你这样想："我从来没有去过纽卡斯尔以外的地方，怎么能画出佛罗里达的画面呢？"你很快就会打消去佛罗里达的念头。千万不要这么想，要充分发挥你的想象力和创造力。到旅行社去，看看他们的旅游小册子，找一些好看的图片，和自己来张合影（也可以和你想一起旅游的那个人共同合影），然后把照片贴到你看得见的地方。最好是和能代表佛罗里达的场景合影，比如，美丽的海岸、肯尼迪航天中心或者迪士尼乐园。

如果你的目标是让身体处于最佳状态，无论你做什么，你都需要直观地表示出来。有时创造这样一幅愿景图可能需要花 5 分钟、1 小时，甚至半天的时间，但这是一次极好的展望未来的体验。把这幅画放到一本你愿意随身携带的书里，这样你就可以随时随地看到它了。

第二步

第二步就是为你的画配上肯定性的文字。记住这幅画要图文并茂、个性鲜明、积极向上、充满时代气息。你可以这样写："我是……""我已经……""我拥有……"或者"不管怎样……"

下面，我们回到佛罗里达度假的话题，你应该写"我正在佛罗里达享受人生中最奇妙的假期"，而不是"将来某一天我要去佛罗里达"，后面这种说法模棱两可。如果你想去佛罗里达，你可以采取大量的行动，让大脑相信自己现在就可以做到，这可以通过格式塔的方式去完成。看看你和家人的照片，设想一下他们就处于你所期望的地方，然后满怀激情地写下你的想法。如果你需要一些灵感，回顾一下第 3 章。

如果你想成为一名领导者，那就明确地写出："我现在是一名优秀的领导者。"如果你想取得经济上的独立，那就想象一下你是财务自由的，即使你的信用卡账户余额为零；接下来画一幅画，并配上文字："我现在是财务自由的。"如果你想拥有良好的健康状况，同样地，画出你的样子，然后写下："我现在身体非常健康。"每一个目标都需要你这样做。

第三步

第三步就是要规定达成目标的时间。确定好截止日期，并把它写在要达成的目标旁边。对每一个目标，你都要写下完成的时间。

不要试图写什么"在一个星期内""在两个月内"或"在一年时间内"这样的话，因为每一次看着目标时，你看到的仍然是还有一个星期、两个月或一年。你要定下一个准确真实的日期，例如，在 6 月 1 日之前。

这里需要注意的是，人们总是会高估自己的短期目标，低估自己的长期目标。因此，我们要努力在短期目标和长期目标之间找到平衡点。

如果你设置的目标没有完全按照你的设想进行，或者是超时完成，不用担心，这都不是最重要的。只要你已经开始行动，只要你已经为自己的目标努力了——99% 的人都不会为之付诸行动，那么你就已经在成功的路上了。享受过程，努力争取。

⭐ 第四步

实现目标的最佳方式是，每天早晨醒来的时候，坐起来读一读你的目标；每天晚上上床睡觉时，再读一读你的目标。做一个小巧的目标列表，放一份在你的皮夹或钱包中，在你的镜子上也贴一份，这样你就能时时刻刻都看到自己的目标了。相信你可以实现这些目标，想象你正在完成它们，这样你就更有可能实现它。

　　我的好朋友杰弗里·吉特默有一个非常棒的办法，他称之为"便利贴法"，用 3~5 个字把目标写下来，贴在一个一天至少可以看见两次的地方，比如卫生间的镜子上，坚持每天都看并且读出来。其实，只要每天都看一看，你就会采取措施来实现你的目标。完成一个目标之后再给自己设置新的目标。你也可以把完成的目标贴到衣橱的门上，这样当你穿衣服的时候就可以回味自己的成功了！

⭐ 第五步

　　你是不是会担忧："如果不能完成所有的目标，怎么办呢？"

　　你是否常常会想："我害怕失败。"

　　你是否因为害怕失败而不敢去做某一件事呢？

　　但是，如果你都不试着完成至少一个目标，我敢保证你做任何事都不会成功。

　　如果你尝试完成 5 个目标，即使只做到了 4 个，你也成功了 4 次，这就比那些一步都不敢迈出的人强多了。

　　我相信你会心想事成，只要你拿出最后的法宝——大量的行动！

　　如果设定了一个目标，每天只是看一看、读一读，这就有点像"没有杂草，没有杂草"了，是没有任何作用的，而行动起来就不一样了。

心理演练法

有一个简单有效的方法可以帮助你实现目标，那就是把实现目标所要采取的行动都先在心里过一遍，这叫作心理演练法。几乎所有顶级成功人士都会以各种形式运用这种方法，比如，田径运动员在赛跑之前、高尔夫运动员在挥杆之前都会在心里演练每个细节。

通过心理演练法，你全身的器官都会为你即将做的事情做准备。所以想一想，当你谈到自己要实现的目标时，你的内心需要演练什么？

我想举一个例子来说明心理演练是怎么起作用的，并证明人的大脑中蕴藏着巨大的能量。闭上眼睛会起到更好的效果，所以，如果可以的话，请一个人帮你描述下面的场景；如果条件不允许，你可以边读边想象，当你想感受某一部分的时候，你可以暂停，休息一下。

假设今天是一年中最热的一天，十分闷热，气温在不断升高。临近中午的时候，你决定出去走走。对你来说，这样慢慢地散步算得上一次难得的美好体验。几个小时后，你感觉口渴了，并且渴得难以忍耐，此刻你最想做的事情就是喝水。但是，你在任何地方都找不到水，唯一的办法就是走回家。

当你回到家的时候，你已经快到极限了，只想拼命喝水。你终于回到了家，没有人在家。你来到厨房，唯一的想法就是"我要喝水"，然后你打开冰箱，看到里面有一瓶冰镇矿泉水，你毫不犹豫地打开，直接喝掉了。

如果你把那瓶水拿出来，打开却不直接喝掉，而是找一个干净漂亮的杯子，把水倒进去又会发生什么呢？在你端起杯子之前，你忽然想到"我要注重卫生"，于是你把那瓶水又放回原处，然后去洗手。接着，你发现了架子上的柠檬，它看起来很不错，有着诱人的色彩。你拿起柠檬，感受到它柔软的表皮。你想如果在刚才那杯水里加一些柠檬不是更好吗？随后你拿起小刀，把柠檬切成四瓣，拿了四分之一，想把它放到水里。但是在放到水里之前，你把它吃掉了。想象一下现在你正在咀嚼柠檬，味道怎么样？闻起来怎么样？

回顾一下刚才发生了什么。今天不是一年中最热的一天，那只是想象。我可以肯定的是，在描述天气越来越热、你越来越口渴的时候，你真的会变得口渴。你会来回转动你的舌头、下巴，试图产生一些唾液，当我说到你开始咀嚼柠檬的时候，你的嘴里就会产生唾液。

今天不是最热的一天，现在也没有柠檬，这些只是你的想象，但它仍让你产生了生理反应。所以，对于你要做的事情，先进行想象；然后当你处于真实的环境中时，你绝对会有更好的表现。

我曾听过一个关于篮球队进行心理演练的故事。故事发生在加州大学洛杉矶分校。

实验者把球队分成三个小组，最开始先让每个队员都投篮 100 次，统计每组的得分。然后把三组分开，进行不同方式的训练。第一组是控制组，他们按照平常的方式训练就可以了；第二组每天要额外完成 1 个小时的投篮训练；第三组每天要多花 1 个小时的时间进行心理演练。

一个月后，这三个小组重新聚在一起。就像当初设想的一样，第一组没有任何提高，进行额外 1 个小时投篮训练的第二组的投篮水平有所提高，最令人吃惊的是每天进行 1 个小时心理演练的第三组，他们的得分比其他两组都要高。这是因为当他们在心里进行投篮练习时是没有失误的，所以大脑细胞形成了"准确投篮"的神经通路，他们的投篮更容易命中。

一个月后，实验者再次把三个小组召集到一起。这一次，每天进行额外 1 小时投篮训练的那一组的得分却下降了；进行心理演练的第三组却依旧保持着他们的高命中率。

第三组之所以可以长期保持高命中率，是因为他们每一次心理演练时的投篮都会百发百中。训练时，他们在心里可以百分之百地确定投进球，尽管不是真的每次都可以投进，但是在他们的大脑中已经形成了一种持久的保证进球的神经通路。

心理演练真的很有用，不过你要先确定需要进行心理演练的事情，然后你要想想如何才能得到自己期望的完美效果？

在重要会议前，你会做哪些准备？你肯定会准备好发言稿，弄清楚会议的时间、地点，把交通工具准备好，在适当的时间出发，等等。除此之外，你在心里设想过会议的过程吗？如果没有，不妨对会议过程进行心理演练，试着看到自己在会议上的表现，看到其他人讨论的内容。这样，在进入会场之前，你会对会议有一个整体的感知。当然，最重要的是你会看到自己的成功。

其实，心理演练可以运用到我们生活的各个方面。甚至晚上和朋友出去玩时都可以进行心理演练：你可以想象和朋友们一起度过了一个愉快的夜晚，在合适的地方和合适的人一起，大家相处得很融洽，这也是一次神奇的经历。

再问大家一个问题，如果你在晚上的聚会前花 5 分钟进行心理演练，你认为这次聚会你会玩得很开心，还是不欢而散，又或是没什么特别的感觉呢？如果你已经在心里想象了一次愉快的经历，那么事实就会如你所想。

假设现在有一场演讲，你要站在 500 个人面前发表你的观点，你会怎么样呢？你可能会想："天哪，我都没有想过在 5 个人面前演讲，更别提 500 个人了！"但是，如果真的要这样做，最好的准备方式就是先在心里预演一遍。在这个过程中，你会看到自己得到了大家的赞赏，甚至会有人为你鼓掌喝彩。

爱丁堡大学开展的一项调查研究表明，进行心理演练之后再进行实际活动，大脑处理信息的方式与你进行心理演练时几乎没有差别。所以，心理演练可以在许多不同的领域发挥作用。运用这种方式试验一下，你会发现，心理演练是创造视觉图像的关键部分。它是一种简单有效的技巧，几分钟的投入就会产生很大的成效，会让你收获很多。

制订行动计划

接下来，你就要采取有影响力的、大量的实际行动了。

你要做的第一件事就是把你的梦想分解为一个 90 天的行动计划，这在第 3 章中已经提到过。看着目标清单上的第一个目标问自己："我什么时候能够达成这个目标呢？"可能是 90 天，也可能是 6 个月，或者是 1 年、5 年，甚至是 10 年。无论目标将会发展成什么样，此时此刻，你都需要激发十足的干劲，然后开始行动。

看着你的清单，问自己几个问题。

- 在接下来的 90 天里，我需要做什么才能使我离目标更近一步？
- 为实现目标，我需要做哪些准备？
- 我必须为自己做些什么？
- 我需要周围有哪些可利用的资源？

此时此刻，请想一想这些问题，因为它们是你制订计划最关键的因素。

现在考虑一下你拥有哪些资源，你需要运用哪些资源来帮助你实现目标。这些资源可以是能帮助你的人脉资源，要得到他人的帮助，最好的办法之一就是和周围那些能够帮你实现目标的人友好相处。还记得你的"众志团队"吗？

当然，资源可以是人，也可以是某本书、某个地方、某些信息，或者是你为自己准备的某些东西。不同的地方需要用到不同的资源，考虑一下哪些场合需要哪些资源，然后写下来，这是很重要的一步。我认为当你写下一些事情的时候就意味着你在做出一些承诺。当然，仅仅在纸上写下承诺是不够的，更重要的是你要对自己做出承诺。这就是我将要做到的！

做出承诺后，你要合理地安排它。制定时间表，并且在你的 90 天行动计划中将其细化，这样你才能真正做出一个 90 天计划。

现在让我们正式开始吧。在接下来的 30 天里，你会得到什么？看一看你的清单，你不仅要明确在未来 30 天内你要完成的事情，还要明确你要采取的具体行动。

事实上，如果你要制订一个 30 天计划，为什么不从一个 7 天计划开始呢？通过完成 7 天的任务来真正激发你的动力，7 天的任务完成了，30 天的任务就会简单些，90 天的目标完成起来也更容易。用这个方法来完成 90 天的目标，你可以做得很顺利。

现在拿出你的日记本，尽可能详细地写下你将采取的所有行动，这有助于你更快地完成目标！

大多数人只用日记或者日历记录各种事件，却从不记录具体的行动细节。记住，你不是大多数人，你要记录下自己的行动细节。

5 只青蛙坐在圆木上，其中 1 只决定跳下来，还剩下几只？

答案是 5 只。为什么呢？因为那只青蛙只是决定跳下来，却没有确定跳下来的时间，而且它此时此刻并没有跳下来。

继续我们之前的话题：接下来的 7 天会发生什么呢？那么接下来的 24 小时呢？在接下来的 24 小时里，无论你做什么，都将成为你以后 7 天、30 天、90 天，甚至 1 年、5 年乃至 10 年要做的事情的跳板。

你不能再拖延了，你必须告诉自己是开始行动的时候了。就是现在，开始行动吧！

　　你可以从一两件简单的事情开始，比如，打个电话、去拜访某个人、买些书回来读、买些需要的东西、和某人交谈、许下一个承诺、出去锻炼一下、做一些有利于完成目标的事情，等等。最重要的是你必须马上开始行动，至少必须在接下来的 24 小时之内开始。

　　最后考虑一下，在接下来的 15 分钟，你准备做些什么呢？也许在接下来的 15 分钟，你已经放下了这本书。这是最关键的时刻，因为如果你只是觉得："我很喜欢这本书，里面有很多不错的想法，而且我已经知道了！"却没有照着做，那么你就浪费了宝贵的时间。就像我在这本书刚开始时说的那样，从知识层面去认识一件事情是远远不够的，你还要去做，去采取行动，现在是该有所作为的时候了。

　　如果你此时没有采取任何行动，那么不久的将来，当你回头再看这个时刻时，你会非常后悔，因为你错过了好多东西，包括成功的机会。你要告诉自己："我现在就要行动起来！这不是我应该或者可以做的，而是我必须要做的。"

第 9 章

——

必不可少的
复盘

——

化理念为行动

运用本书介绍的方法和工具，采取行动、积极实践，你将拥有梦寐以求的人生。

虽然大量的付出不一定能结出丰硕的果实，但学以致用是必须的。

让我们回顾一下大家从本书中学到的方法、技巧。

生命之轮帮助我们确定了那些必须采取大量行动的方面。你需要定期绘制生命之轮，至少一个月一次。你可以用它来考虑一切事情，包括规划自己的未来，确保自己的生活保持平衡——这是一个简单且有效的工具。

杰出人物的品质。

1. 按你喜欢的方式来练习正面语言，拥有正向期望以及采取积极行动。

2. 勇于走出舒适区。阻止他人的东西永远不会阻止你。利用效率、团队和乐趣帮自己走出舒适区。

3. 换个角度看问题。既然你对大脑的运作方式已非常清楚，那么请运用那些知识重组你的大脑吧，有意识地把你的想法运用到正确的方向上。

4. 善于处理压力。定期通过放松来达到 α 波与 θ 波之间的水平。

5. 采取大量行动。记住，大量行动 = 丰厚回报。现在就做！

遵循这些法则，你的生活质量就会迅速提升。记住，只要你能下定决心让自己人生中最重要的方面不断改进，你就能变得卓越。在生活中，我们可能会有很多目标，但最多只能专注于三个。

了解 3P 原则，运用它帮自己确定目标，你就能开始创造自己的未来了！记住："我是最棒的！"

你一旦选定了努力的方向，就要勇敢地迈出第一步，并且仔细思考，你坚持的信念系统中哪些限制了你的发展？什么是你必须清除的？你可以从大的"绊脚石"开始，着手清除每一个限制性信念。

　　当你清除大的"绊脚石"时，其他难题也会迎刃而解。每清除一块"绊脚石"，你都要返回列表继续问问自己："现在我还能清除些什么？我还能改变些什么？"

　　你已知道如何运用"影响圈 VS 担忧圈"。记住，担忧圈是一个同情者的聚会，在这里尽可以抱怨和呻吟，但抱怨和呻吟改变不了任何事。现在你要做的是把注意力集中在影响圈上。

　　我们一起探索了你的价值观。价值观通常是我们自己建立的。价值观与所有事情都有联系。如果你的信念系统与价值观协调一致，就会促进你的发展，你会得到你想要的东西并取得成功。

　　现在你应该知道如何使用这些价值观了。记住，是你创造了规则，所以制定一些简单的规则吧，这些简单的规则会让你更快适应新的价值观，并且帮助你变得卓越。

　　你曾经做过心理演练吗？在参加一个会议前，在和孩子聊天前，在运动前……运用心理演练，你的生活将变得与众不同。

　　快去确定一个充满激情的个人愿景吧！你已经探索到什么是重要的了，也明确了自己努力的方向以及如何获得成功。你已经创造出视觉影像，并且已设定好一个时间尺度来采取必要的行动。在那个时间范围内，通过行动实现目标，你就是那些少数成功人士中的一员了，你知道如何设立并实现自己的目标。

我知道这些方法已经起作用了。有成千上万的人已经读过我写的书，并且用书中的方法取得了惊人的成绩。我可以给你看许多信件和电子邮件，或者让你接听那些每天打给我的电话，你会看到这些方法对人们的生活造成的巨大影响。

但是，那是他们，你呢？

改变混乱生活的决定性因素是创造动力。在火箭离开发射台飞向月球的前 3 秒，它用掉了 95% 的能量。突破需要初始的推动力；同理，追求成功也是一样的。最初的承诺、行动以及排除阻碍你的限制性信念，是取得成功的关键。

西塞罗和德摩斯梯尼都是伟大的演说家。听过西塞罗的演说后，人们会站起来谈论他所做过的伟大演说；而听完德摩斯梯尼的演说后，人们会一跃而起并说："让我们向目标进军吧！"你呢？是打算说尽华丽的辞藻，还是采取行动？

甘地曾绝妙地总结："欲改变世界，先改变自己。"行动比知识更重要、更有说服力。

用好这些工具，采取行动、积极实践，你将拥有梦寐以求的卓越人生。

第 10 章

—

如何
更上一层楼

—

变强之路是一个持续的、永不停息的旅程

变强没有终点，你可以把人生带到新的高度。

变强之后会发生什么？变强有终点吗？

实际上，变强之路是一个持续的、永不停息的旅程。

在向名人学习的过程中，我发现了一件惊人的事情——他们一直在不断完善自我。

强者向我们展示了一些有趣的特质，那是他们不断完善自我的基础。接下来分享一些强者特有的行为和态度。实际上，这些特质会把你带到更高水平，并且让你持续进步。

挑战自己

在变强之前，如果你每天都能利用机会挑战过去的自己，你将会不断进步。接下来，你要做的就是坚持不懈地提升自己。

这点在运动中表现得特别明显。迈克尔·乔丹就是一个典型例证，作为全球最优秀的篮球运动员，毫无疑问，乔丹在其职业生涯中取得了非凡的成就。当他被问及"谁是你最大的竞争对手"时，他的回答是"我自己"。

做一些完全不同的事情

你曾经想过激流泛舟或者到世间不可思议的地方旅行吗？那么，去拜见一位你心目中的英雄或者冒险去找寻真实的自己又如何呢？

我们经常听到有人说："如果中了彩票，我就会……"事实上你没有必要非得中了彩票才去经历那些美好的事物。大多数人的目标有了投入和承诺就能实现。其实，天方夜谭地等待彩票中奖只是一个你可以继续待在舒适区的借口，你可以并且应该现在就努力克服恐惧感，去体验全新的东西。

你打算做些什么与众不同的事情呢？我注意到，杰出人物非常乐于尝试新想法。这里有一份写了10个想法的清单*，看看能否激发你的想象力。

---

* 这些想法全部来自本书上一版的读者，他们已经从舒适区走出来并做出了这些惊人的事情。

1. 10 个月内在 10 个不同的国家跑 10 次马拉松。

2. 到阿尔卑斯山上进行悬挂滑翔。

3. 跳萨尔萨舞。

4. 蒙住眼睛选择一个离家至少 5 小时车程的国家去旅行。

5. 做一个月的慈善工作，发现自己的真正使命。

6. 向本地的画家学习如何绘画。

7. 参加一个社区项目并且结束对第 10 个国家的访问。

8. 写一本书。

9. 打网球——甚至是在 68 岁的时候。

10. 学习意大利语，去意大利体验一下并且邂逅生命中的真爱。

这些想法是否给了你灵感？记住，下定决心做某些事情只是简单的第一步——实际上，现在的挑战是走出去完成它。

跳出你的领域

通常人们在一些方面取得成绩是因为投入了全部的精力。他们把醒着的每时每刻和每一份能量都投入到最需要完成的事情中。一旦事情完成了，他们常常会想："这就是我想要的吗？"

当你成功时，你会感觉很棒。如果你想更加成功，请花点时

间去看看你的周围。这样做时，你将从周围的一切得到启发，帮
助你进入下一个阶段。

跳出自己的领域有很多方式。你曾经考虑过换工作吗？即使
只是几个小时？参观一下其他人工作的地方，你可能会有所收
获。如果你想探寻自己不了解的世界，运用"思维转移"法将是
一个很好的选择。

寻找"诚实的乔"

"诚实的乔"就是那个能以真诚的方式对你的行为给予忠告、
反馈的人，也就是我们所说的诤友。

你也许不必花费很大的力气去寻找那个人，他可能就在你的
身边，他很可能就是那个你最不想从他那里听到坏消息的人。果
真如此的话，这就需要你努力走出舒适区并且认真倾听他们的
意见。

其实，仔细聆听很困难，当别人对你进行评价时，最好的方
法就是不反驳、仔细听。这里有个小诀窍可以帮助你。当你收到
反馈时，你可以把它想成是马克斯宾塞公司生产的礼物。想象一
下这个场景，生日时你收到一个朋友或者亲属送的礼物，你一看
就知道自己不会喜欢它，但是你注意到了标签，礼物是马克斯宾
塞公司生产的。天啊，它们就像钱一样好用！你会说谢谢，并

且对这个礼物越看越喜欢。接下来，你应该尽快把礼物带回去，而不是对朋友说："哎，真是糟糕透了，你什么眼光，居然让我带上它？你疯了吗？"这不是建立默契的好方式。如同"诚实的乔"给你的反馈，即使你不同意、不去改变它，你仍然要说："谢谢你，非常感谢你的建议。"然后，你可以保持沉默。

我的诤友是我的妻子克莉丝汀。在我向她承诺我要变强、成为优秀的人之后，她会观察我的每次表现并给予评论。有几次，我相信自己已经完美地完成了一项工作，并且客户的反馈也是这样的。而克莉丝汀找了一个安静的时刻告诉我哪些领域、哪些地方需要更加关注，哪些问题需要更加细致，等等。然后，她还会告诉我哪些地方需要把时间安排得更好一点，以及观察和倾听更有效的途径。她这样做的作用大吗？答案是肯定的。最近我被评为世界三大职业演讲家之一，这使我充满成就感，我明白这与我有像克莉丝汀这样的诤友是分不开的。

成为重塑大师

向成功人士学习给了你了解他们如何变强的机会。我注意到一件事，真正杰出的人物非常善于重塑自我。这并不是指那些表面上的改变，而是指要从多个不同的角度看待问题。

这里有一个简单的工具，如果你正遇到冲突或者对某人没有好感，利用它你就可以重塑自己的观点。

你要把自己置身于冲突之外，然后花一点儿时间，闭上眼睛，从多个角度看问题。

1. 用你的眼睛了解当下的情况——你生活在其中。

2. 想象自己正在改善以上情况并鸟瞰全局。现在你注意到的是哪些情况？你怎么看？你觉得其他人会怎么看？

3. 现在换位思考一下，站在其他人的角度想想：他们看到了什么？他们体验到了什么？他们注意到了什么？他们会怎么想？

几年前，我喜欢与团队成员一对一地交谈。这种面对面的交谈虽然感觉不错，但效果却一般。于是，我觉得要想在与团队开会这件事情上变好，就必须换一种方式。

于是，我闭上双眼从自己的角度来审视会议，整体体验了一下。然后，我又开始从员工的视角观察，发现原来我的电脑刚好在他们的视线左方。我在脑海中设想了一下他们在看我的时候能看到什么。我很震惊。原来在他们的视角中，我一直在盯着电脑。所以从那时起，每次员工来见我的时候，我都会有意识地从书桌后面走到他们面前。

你要重新构建什么，
才能把消极的东西变成积极的，
把杂乱无章的生活变得井井有条？

写作

一旦你决定要写些什么，写作便会帮助你进一步完善自己，你就能变得更好，就是这么简单。所以，如果你想在某个领域变得更强，你就开始写作吧，无论你是要写一则简报、一篇博客，还是一本书。

我的朋友保罗·莫特决定每天为他的信息库写一封电子邮件，有时候是一天两封。保罗的写作方式可能和其他人有点不太一样，但我的确看到他的写作能力在进步，并且他的商务写作水平也得到了提升。因为他激励自己坚持每天写作，他让自己变得更优秀了。

如果你不想让其他人读到你写的内容呢？那也要写。坚持把写作列入行动日程，写下你的想法，记录下你的灵感。

写作能让你变得更强。

教学

教授他人能让你变得更为卓越。无论你是去大学授课，还是仅仅教一个朋友，在教授他人的时候，你都能将自己提升到更高的水平。所以，如果你已经很强了，教授他人会让你变得更强。

毫无疑问，运用上述技巧的成功人士会变得更强大。但即使你现在不那么成功，你仍可以运用上述技巧，它将加速你的成功，现在就做吧。

可是，做到这些并不容易，生活就是碎片。倘若没有按计划完成，怎么办？你可以读一读下一章的内容。

第 11 章

—

扫除
行动路上的
五大阻碍

—

那些没有杀死你的，会让你变得更强大

请把挫折、阻碍视为变强的机会，这些会在特定的时候
成就你的辉煌。

　　我和我的许多学员、读者有过接触，他们运用本书介绍的工具和技巧，使自己的生活发生了巨大的改变。他们不仅在收入、健康、事业、人际关系等方面有所发展和提高，他们生活的其他领域也发生了显著的变化。然而，还有一大部分人在一开始运用这些工具和技巧时就遇到了阻碍。

　　如果你不知道如何妥善解决这些阻碍，就很容易在执行一开始的 90 天行动计划时停滞不前。要想变强，就要勇于跨越以下五大障碍。

拖延

　　即使我一再强调，现在，立刻行动、马上做练习，但我仍然发现，有很大一部分人会说，等读完这本书后再采取行动。可是，直到读完这本书的全部内容，他们仍然没有采取任何行动。

本书列了一份清单，包含你要做的练习以及应采取的行动，你可以在附录中看到这份清单。如果在阅读的过程中，你没有及时按照书中的要求去做，你还可以按这份清单采取行动。同样，如果你在阅读过程中错过了什么内容，你也可以运用这份清单进行补做。

这份清单将是你创造卓越人生的动力。你一旦有了这些动力，继续下去就简单多了。把这份清单摆在显眼的位置，将激发你采取行动。

消耗你的人

在你的周围，是否有一些权威人士或者支持者？能被这些人包围固然好，但问题是在你变强的过程中，这些人是否给了你足够的支持？

事实是一些人给了，但大部分人没有。最终，你会浪费掉大部分时间。可能在你的周围有一些非常有感染力的人，他们总能尽力帮助并鼓励你。同时，也可能有些反对你的人，他们不支持你采取积极的行动，甚至会阻止你进步。那么，你需要做一个简单的选择。

我曾开设过一门针对年轻人的课程，叫作"超越卓越"。在讲课过程中，我观察了青少年会选择与什么人一起共度时光。我发现，有时候这些年轻人没有获得成功的最大原因在于：他们选择了与那些不支持他们进步，而且不断拖他们后腿的人在一起。你能改变其他人吗？当然可以。但是，在演讲结束的时候，我经常被问到一个问题："如果我决定去实现卓越人生，那么我能为周围的人做些什么呢？假如他们不愿意改变，怎么办呢？"此时，我通常会引用甘地的话："欲改变世界，先改变自己。"也就是说，不要浪费时间去试图改变别人，而是要集中精力让自己更卓越。

事实上，当你变得卓越，当人们看到你做的事情及其带来的巨大效应时，他们会自觉地问你："你是如何做到的？"

精力有限

如果我建议你每天早起 1 个小时，花 60 分钟使自己变强，你会怎么想？我猜想你或许与大多数人一样会觉得很可怕。你很有可能会成为每天醒来后就感觉疲惫不堪的数千万人中的一员。

五件事情可以帮助你迅速提高能量水平，让你感觉一整天都充满活力。即使你努力工作到深夜，也还是有精力早起并且精神焕发。虽然我有 90% 的把握断定你已经知道这些，但你还是要时刻提醒自己。

同样，你也要记住，仅仅知道还不够，你要＿＿＿＿＿＿（填上下面的内容！）

1. 做运动。运动不仅能带给人能量，还能让人更长寿、更健康。

2. 多喝水。保持水分，身体才会正常工作。纯净水是身体的头号燃料，多喝水。

3. 合理膳食。聪明的人每天都会吃健康的食物。

4. 在出现健康问题之前，照顾好自己的身体。定期进行按摩保健。要照顾好这个世界上最重要的人——你自己！

5. 树立积极的态度，保持身体健康、精力充沛。如果你总是不断地告诉自己"我累了""没有精力"或者"生病了"，你就会真的变成这样。从现在开始告诉自己"我很健康，我有大量的精力"，你会发现自己一整天都活力四射。

资源匮乏

当有人说他缺乏资源的时候，我常常会感到很惊讶。

对大多数人而言，缺少的不是资源，而是发现资源的智慧。

资源就在那里，只要你仔细观察，针对问题并且采取大量行动，你肯定能够找到它们。

现在，人们认为他们最缺少的资源就是金钱。但是，如果你拥有了正确的态度和方法，并将其付诸行动，金钱就不会成为问题。

西蒙·伍德洛夫，新概念宾馆的创始人！日本寿司和新概念宾馆的成功，告诉了我们他是如何获得财富的！西蒙通过阅读歌德的作品受到启发，开发了日本寿司。

当你真心地与世界合作时，世界会用各种方法帮助你，它会为你提供各种资源，当然也包括金钱。

——歌德

如果你相信歌德的这句话——我相信——你就能创造自己需要的资源，无论是金钱、时间、信息、身体，还是心理。

无法控制的挫折与阻碍

如果你相信万事皆有因，那么请把挫折、阻碍视为变强的机会。这一点说起来很容易，但是真正做到很难。

有时候你会问："我能从中学到什么？"但是，通过实践和思考，你就会明白你所认为的挫折、阻碍实际上正是宝贵的人生经验，正是这种经验会在特定的时候成就你的辉煌。

或许这些无法控制的力量只是在帮助我们认清自己、走向卓越人生。

我叔叔曾经这样说："如果它没有杀死你，就会让你变得更强大。"年轻时我不完全明白这句话的意思，但是现在我开始理解了。现在的我是积极上进、有所成就的，这并不是因为我经历了美好的享乐时光，而是因为我经历了困难的洗礼。

通往卓越人生的道路向我们展示了一些挫折与阻碍：拖延、他人的影响、低能量水平、资源缺乏、无法控制的挫折与阻碍。

试想，你和那些在你之前已踏上卓越之旅的人毫无差别。你所能做的就是在知识中寻求慰藉，请相信，这是值得的。

第 12 章

一

改变我人生的
十大经验

一

这些宝贵的人生经验时刻
改变着我的人生，使我变成了今天的自己

希望本书所讲的一切都能对你有所帮助。

这些年来，你肯定积累了许多宝贵的人生经验：不管是"如果它没有杀死你，你就会变得更强大"的重要时刻，还是当时看起来无关紧要却导致你的生活发生了惊人变化的事情，都值得你反思。你只有更好地认识到这些经验教训，才能运用它们改变你的人生，成就你的辉煌。

宝贵的人生经验、教训的总结——这些事件时刻改变着我的人生，使我变成了今天的自己。我总是渴望得知他人的人生教训，因为这是一种极好的学习方法。这些教训如何改变了你的人生，有时是十分令人惊讶的。我希望以下教训能帮助你从不同的角度思考人生。

和你一样，我有许多人生教训，但是有些教训的影响总要比另外一些教训的影响大。对我来说，第一个有重大影响的教训是我在 16 岁离开学校后就开始在父亲的公司里当屋顶修整学徒。这一切都源于我 9 岁那年，父亲告诉我："儿子，终有一天所有这些都将是你的！"要知道，对一个 9 岁的孩子而言，能拥有 2 辆大篷货车和 6 个梯子，这样的前景着实激动人心！从那以后，我就一直知道自己想成为一名屋顶修整工。

大约一周后，我开始面对来自同事的羞辱，他们都因为我是老板的儿子而不喜欢我。我意识到我并不属于屋顶。7 年后，我鼓起勇气告诉父亲，我从未想过要接手他的生意，我要找一份新的工作。他听后很兴奋！这时我才发现，不管怎样，他只想让我快乐。

第一个宝贵的人生经验

如果不热爱，就不要去做

我并不是要你必须热爱每一天的每一分钟，但是如果你读这本书时正从事着一份自己讨厌的工作，你要立即找到方法爱上它或者干脆离开。工作时间往往占据了你醒着的时间的一半！那可是你人生的 1/3 啊！

关于价值，父亲教会我很多。他绝不会通过一个简单的途径来迅速获利，也不会唯利是图。他更愿意花几个小时的时间和徒弟们在一起，无条件地付出时间和精力，把传世手艺教给徒弟。他培训过的英国屋顶工程队曾赢得过世界冠军（我打赌你永远不知道有修屋顶世界冠军这种奖项），并且他帮助了世界各地成千上万的人。这是我获得的第一个人生经验。

后来，我在一个青年公益组织中找到了工作，做了很多年志愿者。我选择了自己喜欢的事情，而且一般都没有报酬。后来，一位名叫艾伦·珀西瓦尔的成功者给了我一份工作。当其他人只是看到了一个愚蠢的屋顶修理工的时候，珀西瓦尔在我身上看到了更多的可能性，并且给了我一个机会——一个完全改变了我人生的机会。

第二个宝贵的人生经验

有贵人相助，接受他们的帮助

作为一个年轻人，我于 1990 年得到了一个机会，在盖茨黑德的英国园林节上和很多慈善机构一起管理一个大型项目。我的工作是确保慈善机构有它们需要的所有东西以取得项目成功。没过多久，我就意识到，一些慈善机构能筹集到比其他慈善机构多得多的资金。实际上，每个星期看着数字，管理好你的"二八"主体，也能在慈善行业发挥作用。20% 的慈善机构筹集到 80% 的资金，而 80% 的慈善机构则为剩余 20% 的资金而竞争。有一家叫诺森伯兰郡野生动植物信托公司的慈善机构做任何事情都要比其他机构出色，经过仔细观察，我发现它们的职员常常是早到晚退，工作非常努力，比其他慈善机构更乐于助人。它们筹集到更多的资金了吗？是的。它们一直能筹集到资金，日复一日，年复一年！我不解，为什么其他慈善机构没有发现诺森伯兰郡野生动植物信托公司的这个特点并效仿呢？直到现在我才真正明白，这也是诺森伯兰郡野生动植物信托公司获得成功的秘诀。而这个秘诀也将陪伴我的一生——它们拥有卓越的团队！

第三个宝贵的人生经验

成功不是偶然发生的，需要计划、努力和技巧

后来，我终于成了一名慈善筹款人，曾经在英格兰北部小有名气。回头看看，我所运用的一些技巧都是个人发展的好工具。要想成功，必须有良好的态度，并且设置新的标准，打破妨碍你进步的限制性信念。

我的新工作仍是与一家慈善机构合作，主要负责筹集捐款。一天，我有幸拜访了大卫·布朗，他就是那个为卡特彼勒大型分

离轮轴卡车发明齿轮传动机的人，你在世界各地的采石场都可以看见那种齿轮传动机。大卫·布朗是一个非常温和、效率很高的人。我和他聊了很多关于人生和成功方面的话题，他突然问我："迈克尔，为了个人发展，你做了哪些努力？"我当时不太明白该怎么回答，所以请求他说得具体些。他问我读过哪些书，上过哪些课程（那些我交过学费的）。我的回答含糊、混乱。我突然意识到自己并没有为个人发展做过任何努力，让时间从身边悄悄溜走了。自我反省一番后，我决定采取积极行动。

我开始阅读个人发展方面的书籍，其中，有两本经典著作我认为对我非常重要：一本是拿破仑·希尔的《思考致富》，我至少读了 20 遍；另一本是戴尔·卡耐基的《人性的弱点》。我意识到，如果想提升自己，我必须获得更多的知识。为此，我全身心地投入到那些坚持不懈和永无止境的改善中。我承诺一周读一本书，并且坚持了两年。

除了一周读一本书，我也尽可能多地关注、倾听来自作家和专家的录音记录。我把个人发展课程列入自己的计划中，因为我知道，如果想提升自己，我必须对未来进行投资。

第四个宝贵的人生经验

爱上阅读，成为一个酷爱读书的人

你可以从书中学到他人成功的经验和秘笈。在运用了这些秘笈后，你投资到学习中的每一分钱、每一秒钟都会以你做梦都想不到的速度回报你。

在参加一次个人发展训练时，我顿悟出我的经历就是很好的教材。不久之后，我就利用周末教授孩子们课程的机会传授我的经验。这些课程取得了惊人的效果，孩子们回到学校后，他们的老师都惊讶地问："哇，你怎么了？"他们不仅学习成绩变好了，而且社交能力也有所提高，甚至运动水平也提高了。总之，他们都有了一个全新的自我。

后来，老师们也开始加入我的培训。教育机构对我的课程也有了更大的兴趣，将我教学中所用到的技能和技巧讲授给老师。

那天，我第一次走进学校给老师们上课，我发现教老师实在太难了！我站在一群老师面前，开始热情地讲解许多不同的想法，以及这些想法如何在学校起作用。这些老师一点也没有被吸引。他们双臂抱在胸前，头歪向一边。我问自己："这些人怎么了？他们为什么不接受这些想法？"

45 分钟后，我觉得需要改变这种情况。我记起几周前学习的关于演讲技巧的课程。课上老师说："如果你感觉正在失去听众，那么你可以问一下大家是不是有什么问题或意见。如果没有人举手，那么你就能继续，这说明你一直控制着演讲现场。"结果表明，这是我听过的最坏的建议。

"有人有问题或意见吗？"我问道。你根本想象不到，当大约有 50 只手举起时我的惊讶！我恐慌地想着要选一个看起来比较温柔、不太可能刁难人的人。我扫视着大厅，注意到坐在最后一排的一位看起来很和蔼的女士。我想她看起来很友好、很安全，便问道："最后面的那位女士，你有什么问题吗？"

就在那个时候，我明白了……

第五个宝贵的人生经验

外表是最具欺骗性的

事实上，那位女士已经在一所重点中学任教 30 年了！我的建议是在你认识他人之前，永远不要以年龄、性别、身高、身材、长相、头衔或其他任何事情判断一个人。

她迅速问了我三个问题。

1. 这是基于谁的研究？

2. 有没有科学依据支持你的想法？

3. 当大脑处理积极语言时，发生在大脑新皮层的认知过程是什么？

坦白来讲，从第一个问题开始我就跟不上她了。你曾经有过那种腹部很不舒服，并且觉得那种疼痛可能永远都不会消失的感觉吗？在那一天剩下的时间里，这些老师给了我生命中最艰难的培训经历。

我知道我说的那些方法都是非常有效的，但是我该如何找到科学依据来支撑它们呢？

你相信你的生命中正确的人会出现在正确的时间吗？我相信。就在我困惑时，我遇到了一位大人物，曾荣获过英帝国勋章的军官——约翰·麦克白教授。那时，他是斯特拉斯克莱德大学的负责人，是一个知识渊博的人。他用教育学理论回答了那位女士的提问，不仅能够证明这些想法是如何运作的，还证明了这些想法为什么能运作。从此以后，我们成了非常亲密的朋友，不仅如此，我们还一起做研究，找到了更多的证据来支持我们的想法，我们还成了最佳拍档。我非常兴奋！我再一次进入学习曲线中，一个巨大的加速学习曲线！

第六个宝贵的人生经验

合适的人会出现在合适的时间

那么，请睁大眼睛。你可能不知道，火车上坐在你对面的那个人，或一位朋友的朋友，会为你生命中的诸多问题提供答案。但是，如果你没有和他们谈话，就真的永远都不会知道。

几个月后，我们离开学校到新加坡参加世界思想大会，有幸向来自全球 52 个国家和地区的朋友展示我们的工作成果。我们论证了不同的想法和技巧确实会在教育中起作用，并且这个模型正被推向世界各地。能够一直参与其中，我感到非常荣幸。我也明白了自己应该做些什么。所以，90 天后我辞了职，搬了家，编写了一系列新的培训课程，重新设立了所有的个人目标，创办了自己的公司——迈克尔·赫佩尔股份有限公司，以期对更多人的生活产生积极影响。

开办自己的公司将我的人生带入了最高点和最低点。第一个挑战是在开始时，只有极少数人（实际上，回头看看，没有人）愿意让我帮助他们。

经过灾难性的第一年——没有资金、没有客户、没有办公室，以及糟糕的家庭压力，我变得绝望了。为了生活，我开始接各种工作，包括出售廉价电话、策划一些商业活动、设计时事通信，以及开设一系列主要由家人、朋友和少数付费客户参加的公开课程。一年后，最大的打击发生了，我的妻子带着孩子们离开了我。

我懂得了另外一个昂贵的教训……

第七个宝贵的人生经验

忙碌并不意味着成功

这使我明白了下一个人生教训……

第八个宝贵的人生经验

家庭比事业更重要

接下来的几年是我的黄金时代。我有了新目标，我的团队获得了各种机会并且取得了成功。

我创办了一个叫作"如何拥有卓越人生"的项目。它起初是一个为期两天的培训，包括 25 个小时的演讲。我很喜欢这种方式，但是参与者在离开时普遍反映他们明显感觉大脑在超负荷工作，并且有强烈的紧迫感。那时我又明白了……

第九个宝贵的人生经验

不必把你知道的一切都教给他人——至少在第一个 48 小时里不要教授全部

我的事业刚刚起步,我开始明白什么是最重要的。更妙的是我和太太复婚了!好事接踵而至,瑞切尔·斯道克——世界上最优秀的出版人——问我是否愿意写一本书。

那时我真的不知道自己可以成为一名作家,也不知道是否有人愿意买我写的书,更不知道该怎么写,而且我也没有那么多时间。实际上,我的英文老师曾在我的学习成绩单上写过:"迈克尔在语言方面永远不会有任何作为。"虽然所有这些困难都真实存在,但我却回答:"我非常愿意!但是应该叫什么?""《卓越行动力》怎么样?"她建议道。

就是这样……

第十个宝贵的人生经验

即使有无数个拒绝的理由,也没什么,你要做的只是勇往直前

希望本书所讲的一切都能对你有所帮助。希望你不是从我做

过的事情中（我只是个很平常的人），而是从我写的故事里获得经验教训。无数人已经懂得这些教训——虽然过程艰难。

现在，如果你真的想从他人所做的事情中受到启发，我为你多写了一章。我期待读者能分享他们的故事，你会发现有一些人真的做了一些令人惊奇的事情，继续读下去，你也会备受鼓舞。

—

第 13 章

尽显
卓越人生

—

本章要讲的是关于怎样阅读、怎样思考、怎样理解本书内容，以及怎样应用这些教训指导自己的生活。

阅读这一简短章节的关键是"思维转移"。假如你读了一个故事，却觉得自己比故事的主角年长，或者觉得该故事不在你关心的领域内，因而认为它不适合你，你将因此错失良机。

感受这些故事的力量，你会从中受到鼓舞，并找到采取行动的动力。

卓越的家庭

如何让自己的家庭稳固，让家人们能够分享彼此的挑战和愿望，并且愿意一起共度愉快时光？

新加坡的一个家庭知道答案。

妈妈买了我的书是因为她喜欢书的封面（这是一个很好的理由），但是她开始阅读后便对生命之轮和很多方法、技巧入了迷。完成了自己的第一个生命之轮后，她觉得应该让家庭成员都完成他们各自的生命之轮。她从网上为每个人都下载了一份生命之轮，并且为自己设定了一个短期目标：说服所有家庭成员（五个人）完成他们的生命之轮。她为了教育十几岁的儿子换了工作，并要让完成生命之轮的活动在他们家贯彻下去。

两天后，他们吃完晚饭便开始着手完成他们的生命之轮。生命之轮的每一部分都被仔细讨论。因为妈妈和爸爸的开明和正直，不久后全家分享了他们彼此的希望和梦想，并且分析了阻碍他们的那些"绊脚石"。他们相互支持，帮助彼此朝着平衡的生命之轮努力。

卓越的引导

简过去常被挑战击败。这种极强的焦虑正是她设法战胜的东西，但是她总感觉身边的人"有些不对劲"。于是，她决定运用书中的"众志团队"这一方法看看其他人会如何处理她所面临的挑战。

后来她说："那些我觉得很难处理的事情，在我的顾问那里却非常简单。"可见，换个角度看，那些我们以为的挑战，其实都不是什么大问题。多思考一些办法，最终，你会发现问题总能解决。

教育中的卓越

　　我已经在教育领域做了很多工作。我过去常常开玩笑说，老师们是地球上最难教的人！ 15 年的培训经历让我明白老师最不容易教，也没有比老师更辛苦的工作了。家长的高期望、政府和利益相关部门使教育工作成了一种必须不断接受挑战的工作。有一条著名的新闻称，几乎每所学校和学院的老师都在承受着不断增加的压力和挑战。弗瑞布瑞社区学院更是如此。

　　弗瑞布瑞是第一个承认他们遇到了难题的学校，不过他们拥有坚定的信念，无论摆在他们面前的是什么，他们都会努力克服。

　　他们在很多方面都用到了本书的内容。首先，学校高层承诺要提高他们卓越的标准。他们确实这样做了：他们先是启动了新建设项目；几个月后，他们又准备将两所学校合并成一所；随后，他们要面临一系列的检查。有一段时间，有些人想将此事搁置，直到事情平息下来。事实是，在教育领域，这件事永远不会平息下来。

　　为了能让每个人都知道他们的志向，他们为当地企业和利益相关者安排了一次单独的活动，并且邀请我做他们的特邀演讲人。这个团队用他们的满腔热情向大家证明了他们有实现卓越目标的能力，最终他们得到了几个商人百分之百的支持，获得了赞助资金。

然后，他们带领所有学生参与了"把辉煌带到行动中"这个活动。这是一个为期 90 天的行动，包括考试准备、改善行为和建立自信等。

结果令人难以置信。写到这里的时候，我刚刚作为年度颁奖晚会的特邀演讲人再次访问了这所学校。每个与我谈话的人都有一个成功的故事——有些长，有些短，但是都很精彩。

小生意中的大智慧

招聘公司的总经理马特在伦敦国王十字车站看到本书时，买了下来，准备在返回利兹市的火车上阅读。在那次短途旅程中，他不仅读了这本书，而且还承诺要将他和妻子一起经营了 4 年的招聘公司发展得更卓越。

马特给其团队里的所有人都买了这本书，并且定期召开会议，会议通常只有一个主题——"如何让自己快速变强"。他们有许多卓越的想法，从原来的"成为全世界最热情、最友好的招聘公司"到现在的"5 点钟夏布利活动"，即每周五下午都邀请顾客参观他们的办公室并分享他们的成功。

这个团队充分发挥了他们的创造力，完美地运用了卓越的语言去激励众人：难道你不喜欢公司的未来员工提前储存在"人才流动站"中吗？

公共部门中的卓越

在一个大型公共部门工作的最大挑战，就是你感觉自己像大型机器里的一个小齿轮。萨莉就有这样的感觉。

"我必须说，当老板卡洛雷给我这本书时，我持怀疑态度。随着阅读的深入，我惊喜地发现：对我个人而言，它是一本非常好的书。它不仅告诉我如何在工作中有所成就，还帮助我了解个人发展，能让我更卓越！

"关键时刻到了，我发现对工作的感觉完全取决于我自己。我利用影响圈对抗担忧圈，以此来评估要使工作更有价值我应该做些什么。而且，这真的有效果！

"我开始自行练习，无论什么时候、什么人问我什么样的问题，我的回答都是'棒极了'，而人们脸上的表情非常有趣！"

运动中的卓越

最近，我被邀请为一支专业足球队演讲。虽然在学校时我还比较擅长足球，但在那里，除了微笑，我所能做的就是帮助队员成就他们的事业或帮助球队为比赛做准备。

我发现高水平的运动员从本书中获得的关键信息之一就是建立卓越的信念系统。在战术、技巧上我帮不了他们，但是我可以帮他们在心理竞技中获得飞速的改变和提高。

所以，如果你运动的话，问问自己："当你训练或比赛的时候，你的信念系统是什么？"你会始终投入百分之百的精力去努力争取，还是会退缩以防失败呢？当你走出去准备比赛时，你是视自己为最令人畏惧的对手，还是害怕对手呢？

卓越的人际关系

这里有一封托尼给我的信。

亲爱的迈克尔：

谢谢你的书，它挽救了我的婚姻和生活。

买下这本书是因为我想在花费自己大部分时间的事情上做得更好，即和我的商业伙伴在新事业中能有所收获（两年）。奇怪的是当我读完价值观这一章后，我发现了一件令人震惊的事情。我和我的妻子在价值观上相差甚远。一直以来，我几乎都在忽略这一点，我只是希望事情可以"越来越好"。当时我无法把"大量的付出＝丰厚的回报"这句话从脑海里剔除，于是我径直跑上楼，和妻子分享我的发现。

在清晨的几个小时里，我们一起完成了"人生问题"和"价值观"练习，我第一次意识到原来我从未真正理解过妻子的价值观。一直以来，我都是按照自己的想法去理解她的价值观的，我觉得就应该是那样的。但事实上，我并不真正理解它们。

现在，我们是一致的了，我们还制定了一些简单的规则以帮助自己经常体会核心价值观。我更理解她了，她对我也更宽容了，生活是美好的！

谢谢你！

托尼

卓越的理财计划

加文已经 56 岁了，他的一生都在"得过且过"。他的存款从来没有高于 500 块钱，并且他认为自己永远都存不了那么多钱。他在读了本书后，立志到 60 岁的时候要挣到一些钱。

起初，读完本书，加文没有做任何事情。他没有做练习，也没有实施为期 90 天的行动计划。但 6 个月后，他工作 15 年的公司倒闭了，他失业了。从那时起，他第二次拿起了本书。

这次加文注意到（用他的话讲）："我拥有你写的全部特征，唯一缺少的就是应该为自己做事的心态。"于是，加文创办了自己的公司，并且在几个好朋友的帮助下立志要在未来的 5 年内将预期利润翻一番。

"不要等到你必须做点什么的时候才去做。做自己想做的事，你会为自己所能做到的事情感到惊讶。"

卓越的工作

奈杰尔阅读本书时是一名签约作家，但他其实并不喜欢那份工作。奈杰尔想环游世界，不仅如此，他还想与人分享旅途中的兴奋和热情。

不到一年，奈杰尔已经把自己重塑为一个导游了，这太棒了！

因为阅读了本书，许多人改变、放弃了自己原来不喜欢的工作，并且现在正从事着他们热爱的工作。克雷格离开生产地板的工厂成了一名足球经纪人。詹妮弗离开赫莲娜公司成了一名作家。还有许许多多的人和我分享了他们的故事。

我喜欢奈杰尔的一点就是他这样描述了自己现在与本书的关

系:"我把它当成了贴身日记。当我迷失方向的时候,它会给我
帮助。"

卓越的手段

珍妮承认自己是个囤积者,她的房子里总是堆满了垃圾,但
她却"从来没有抽出过时间将它们扔掉"。为了帮助珍妮解决这
个问题,我把重点放到了计划管理的训练上。我询问了她的地
址,问她觉得自己屋里的废弃物和垃圾能装多少袋子,然后在小
组其他人面前给相关部门打电话,请他们在三个星期后安排工人
去珍妮那里收集 40 袋垃圾。珍妮从最初的震惊中恢复过来,并且
突然意识到自己该采取行动了。她用了不到一个星期的时间装满
了 40 袋垃圾,并且之后又整理出 20 多袋,另外还有 30 袋捐给了
慈善机构! 90 袋废弃物曾填满她的生活。一个生活在"货车"里
的人所做的一切着实令人惊讶!

　　我可能会以那些读过本书的成功人士的故事为基础再写一本书，但是无论用谁的经历，本书都只是写给一个人的，那就是你。

　　我希望现在你已经把卓越作为标准，并且开始 90 天的大规模行动了。现在你知道了成功的秘诀就是去做，所以开始追求你的卓越人生吧！

"卓越人生"练习清单

看看下面的清单,然后问问自己:读完这本书后,我这样做了吗?还是,我仅仅是知道了怎么做。

记住,秘诀不在于知道,而在于做。

确保你已经完成了下面的所有任务,你会在变强的道路上更加顺利。

1. 完成生命之轮。

2. 启动 30 天挑战计划来改变你的语言。

3. 24 小时内与 5 位陌生人交谈。

4. 学会放松。

5. 利用 3P 原则,制定长期目标:90 天、1 年、5 年和 10 年。

6. 书面承诺要实现辉煌卓越的人生。

7. 列出每一个阻碍你的事情,确认你的"绊脚石"。

8. 基于"绊脚石",重新构建你的语言。

9. 完成"影响圈与担忧圈"。

10. 寻找良师益友。

11. 创建众志团队。

12. 确认人生问题。

13. 确定新的人生问题，并写下来。

14. 确认当前价值观，写下它们并进行排序。

15. 写下你最终希望成为哪种类型的人。

16. 创造新的价值观，写下它们并进行排序。

17. 为新价值观制定规则并创造视觉影像。

18. 写下自己的愿景清单：

★ 画出你的愿景；

★ 配上肯定性的文字；

★ 根据 3P 原则制定目标；

★ 设置并记录实现目标的期限；

★ 列出一份物力和人力资源清单；

★ 写下每月、每周，甚至每天的行动计划。

版权声明